Ecotoxicology

Theory Technology and Comprehensive Application

生态毒理学

理论、技术与综合应用

刘文敏　姜兆玉　主编

化学工业出版社

·北京·

内容简介

本书介绍了生态毒理学的基本概念、研究任务与方法，环境污染物的生态毒理学效应与转运机制，污染物从分子、细胞、个体到种群和生物圈的毒性作用及其对生态的影响，植物、动物和微生物等不同生物类群的生态毒理学研究技术的多样性和前沿性。书中针对水污染、土壤污染、大气污染等典型生态环境问题，介绍了生态毒理学在污染检测、风险评估、治理技术集成以及生态系统修复等方面的应用。

本书既可作为生态学专业师生的教辅用书，也可作为环境科学相关领域工作人员的参考读物。

图书在版编目（CIP）数据

生态毒理学：理论、技术与综合应用 / 刘文敏，姜兆玉主编．— 北京：化学工业出版社，2025．11．

ISBN 978-7-122-49512-9

Ⅰ．X171.5

中国国家版本馆 CIP 数据核字第 2025JM6721 号

责任编辑：彭爱铭　　装帧设计：张　辉

责任校对：宋　玮

出版发行：化学工业出版社

（北京市东城区青年湖南街 13 号　邮政编码 100011）

印　　装：北京科印技术咨询服务有限公司数码印刷分部

710mm×1000mm　1/16　印张 11¾　字数 201 千字

2026 年 1 月北京第 1 版第 1 次印刷

购书咨询：010-64518888　　售后服务：010-64518899

网　　址：http://www.cip.com.cn

凡购买本书，如有缺损质量问题，本社销售中心负责调换。

定　　价：98.00 元

· 前言 ·

在当今全球环境问题日益严峻的背景下，生态毒理学作为一门研究污染物对生态系统及其组分毒性作用与机制的交叉学科，正面临着前所未有的发展机遇与挑战。随着工业化和城市化的快速推进，环境污染物的种类和数量不断增加，对生态系统的稳定性和生物多样性构成了严重威胁。如何科学评估污染物的生态风险，研发有效的污染治理与修复技术，已成为当前环境保护领域亟待解决的关键问题。生态毒理学不仅需要深入探索污染物在生物体内的代谢过程、毒性效应及其分子机制，还需结合现代生物技术、环境监测技术以及生态学原理，为环境污染的防控与治理提供科学依据和技术支撑。

环境污染的复杂性和多样性对生态毒理学的研究提出了更高要求。从重金属、有机污染物到新兴污染物（如微塑料、纳米材料），不同污染物的毒性特征和作用机制各不相同，需要生态毒理学研究者具备跨学科的知识背景和综合研究能力。随着生物技术的飞速发展，基因组学、蛋白质组学、代谢组学等高通量技术的应用，为生态毒理学研究提供了前所未有的技术手段，使得从分子水平到生态系统水平的毒性效应研究更加深入和全面。然而，如何将这些先进技术有效整合到生态毒理学研究中，仍是当前面临的重要挑战。此外，环境政策的不断完善和公众环保意识的提高，也促使生态毒理学研究更加注重实际应用和成果转化，为环境保护和可持续发展提供有力支持。

在此背景下，本书旨在系统阐述生态毒理学的理论基础、研究技术及其在环境污染防控与治理中的综合应用。第一章从生态毒理学的基本概念出发，介绍了毒理学的发展历程、生态毒理学与环境毒理学的关系，以及生态毒理学的研究任务与方法，为后续章节奠定理论基础。第二章深入探讨了环境污染物的生态毒理学效应与转运机制，从分子、细胞、个体到种群和生物圈水平，全面分析了污染物的毒性作用及其生态影响。第三章聚焦于不同生物类群的生态毒理学研究技术，包括植物、鱼类、两栖类、昆虫类、鸟类和微生物等，展示了生态毒理学研究的多样性和前沿性。第四章至第六章分别针对水环境污染、土壤污染与农业、大气污染等典型环境问题，介绍了生态毒理学在污染检测、风险评估、治理技术集成以及生态系统修复等方面的应用，体现了生态毒理学研究的实践价值和社会意义。

本书不仅适合环境科学、生态学等相关专业的师生阅读，也可为环境保护领域的科研人员、政策制定者以及环境管理人员提供理论指导和实践参考。我们希望通过本书的出版，能够促进生态毒理学领域的学术交流与合作，推动生态毒理学研究的深入发展，为环境保护和可持续发展贡献智慧和力量。同时，我们也期待与广大读者共同探索生态毒理学的新理论、新技术和新方法，共同应对全球环境问题的挑战，守护我们共同的地球家园。

编者

2025 年 9 月

· 目录 ·

第一章　生态毒理学概述

第二章　环境污染物的生态毒理学效应与生物转运机制

第三章　生物类群生态毒理学研究技术

第四章　水环境污染的生态毒理学应用

第五章　土壤污染与农业生态系统的生态毒理学应用

第六章　大气污染的生态毒理学应用

第一章

生态毒理学概述

在当今社会，随着工业化和城市化的迅猛发展，大量化学物质被排放到环境中，对生态系统造成了前所未有的威胁。在此背景下，生态毒理学应运而生，成为研究环境污染物对生物及生态系统影响的关键学科。研究生态毒理学，不仅能深入理解污染物在生态系统中的迁移转化规律及其毒性机制，还能为环境风险评估、污染防治及生态保护提供科学依据。本章将系统阐述毒理学基本概念与发展脉络，厘清生态毒理学与环境毒理学的关系，并介绍生态毒理学的研究任务与方法，为后续研究奠定坚实基础。

第一节　毒理学的基本概念与发展

一　毒理学的基本概念

毒理学是研究外源性化合物及物理和生物因素对生物有机体的有害作用及其作用机理，预测其对人体和生态环境的危害，为确定安全限值和采取防治措施提供科学依据的一门学科[1]。毒理学的研究对象是化学物，俗称“毒物”。事实上，化学物有毒或无毒是相对的，并不存在绝对的界线。任何一种化学物在一定条件下可能是有毒的，而在另一条件下则可能是安全无毒的。化学物的有无毒性主要取决于剂量，只能以产生毒作用所需的剂量大小相对地加以区别。实际上，几乎所有的化学物，当它进入生物体内超过一定量时，都能产生不良作用，即使是安全的药物或食品中的某些主要成分，如果过量给予均可引起毒作用。例如，各种药物一旦超过安全剂量均可产生毒作用，严重者会引起中毒。食盐一次服用 15～

[1] 侯亮，刘旭．发展毒理学的研究进展［J］．云南医药，2011，32（04）：443-445.

60g 即有害于健康，一次用量达 200g 以上可因其吸水作用导致电解质严重紊乱，甚至引起死亡。

（一）毒物与毒性

1. 毒物

毒物通常是指在一定条件下以较小的剂量作用于生物体，扰乱破坏生物体的正常功能，或引起组织结构的病理改变，甚至危及生命的一些外源化学物。由于剂量决定一切，一般而言，只有当外源化学物在日常可能接触的途径和剂量下对机体造成损害时，我们才将其视为毒物，像油、盐、醋等生活用品就不会归为毒物了。

目前，毒理学研究关注的常见外源化学物包括 9 类：①工业化学物，如原料、中间体、辅助剂、杂质、成品、副产品、废弃物等；②环境污染物，如工业生产中排放入环境的废气、废水和废渣，以及农田使用农药对环境的污染；③食品中的有害成分，如天然毒素、食品变质后产生的毒素、不合格的食品添加剂和防腐剂等；④农用化学物，如杀虫剂、杀菌剂、化肥、除草剂、植物生长激素等；⑤生活日用品中的有害成分，如烟酒嗜好品、化妆品、洗涤剂、染发剂、蚊香的某些组分；⑥生物毒素，如动物（蛇毒）、植物（蕈毒）和细菌毒素；⑦医用药物，包括兽医用药；⑧军用毒剂，主要指化学武器；⑨放射性核素。这些化学物大多是人们在生产生活中不可或缺或难以规避的，它们能通过多种途径侵入人体，对人类构成潜在威胁，并在特定条件下危害人体健康。

2. 毒性

毒性通常是指某种化学物引起机体损害的能力。毒性的概念是抽象的，是化学物本身固有的特性。随着观察指标的不同，毒性的描述范围很广。在实验条件下，毒性通常通过化学物引起实验动物死亡所需的最小剂量（浓度）来衡量，即最小致死剂量。化学物的毒性大小不仅与机体吸收的剂量有关，还与化学物进入靶器官的剂量以及引起机体损害的程度相关。因此，化学物毒性大小通常可用剂量-反应（效应）关系来表示。引起实验动物某种反应（效应）所需剂量越小，则毒性越大，反之亦然。不同化学物对生物体引起毒作用所需的剂量差别很大。有些化学物，只要接触几微克即可导致死亡，称为极毒化学物；另一些化学物，即使给予几克或更多，也不会引起有毒作用，常被认为是实际无毒的化学物。

（二）接触与剂量

1. 接触

接触（或称为暴露）是指可以影响人类健康的一些因素或物质。在公共卫生领域通常是指人体表（皮肤、口腔、呼吸道等）与环境介质（水、土壤、空气）有害物之间的连接。一般将机体摄入化学物的量称为接触剂量。谈到人群接触时，常包括接触水平和持续时间两个方面。在动物实验或离体实验中，常用染毒或给药一词。常见的染毒方式有呼吸道吸入、消化道摄入、经皮肤吸收和注射等。

化学物必须与机体接触或进入体内，并达到一定的剂量阈值时，才可能引起不良反应。通常化学物进入机体最主要的途径是消化道（摄入）、呼吸道（吸入）以及皮肤（吸收）。能够迅速入血的毒物通常引起的毒作用最大。溶解化学物的溶剂类型、规格以及给药途径的不同，均会对吸收速率产生影响。工业毒物接触主要以呼吸道和皮肤为主，而事故或自杀等原因则以口服为主。在暴露剂量相同的情况下，若通过不同接触途径引发相同效应，则表明该化学物被机体迅速且完全吸收。

2. 剂量

剂量在毒理学中有外剂量、内剂量和生物有效剂量等概念之分。

（1）外剂量或接触剂量　是指环境中机体接触毒物的总量。

（2）内剂量或体内负荷　表示通过各种途径吸收进入体内血液循环的外源化学物及其代谢产物的含量。例如，血铅和血镉浓度可分别作为铅和镉的内剂量，尿中扁桃酸和三氯乙酸浓度可分别估测接触苯乙烯和三氯乙烯的内剂量。

（3）生物有效剂量或靶剂量　是指到达体内特定效应部位（组织、细胞和分子）并与其相互作用的外源化学物的代谢产物的含量。虽然生物有效剂量能真正反映化学物对机体发生效应的剂量，但剂量的估测需要详细的毒物代谢动力学资料，在实际使用时较为复杂。目前，多用替代指标的浓度（或强度）来推测效应部位的浓度，如测定血中化学物与血红蛋白或白蛋白形成的加合物及白细胞 DNA 加合物等作为接触的生物标志，代替靶组织 DNA 与化学物的加合物，可间接估测和推算效应剂量。

（4）剂量表示方法　在一次或少量次数给药时，可以通过特定方式描述实验动物接受化学物的量。此时的剂量单位多用实验动物单位体重（kg）接受多少化学物量（mg）表示。实际上这是指进入实验动物体内的剂量。在较长时间染毒或人群研究中，我们很难精确计算摄入的剂量，此时常用环境介质中存在化学物的量来表示剂量，如空气中某化学物浓度（mg/m^3）、饮水中某化学物浓度

(mg/L)、饲料中某化学物浓度（mg/kg）。为了准确估计实际摄入量，我们需要综合考虑研究对象所消耗的空气量、水量以及饲料量。在表示剂量时，有学者提出，考虑到动物与人类的种属差异，建议用单位体表面积（m^2）消耗了多少化学物的量（mg）来表示。

（5）累积剂量　在表示剂量时还有一个重要的指标是累积剂量，是指在一定的接触时间内实验动物或人共同给予或摄入的化学物量。简单情形包括短时间接触大剂量和长时间接触小剂量。两者接触的累积剂量相同，出现的不良效应是否相同并无完全定论。在一定剂量范围内，它们的效应是相同的，这通常取决于出现的不良效应性质和引起这一效应变化的化学物所需量的阈限值。

（三）效应与反应

1. 效应

效应是指外源性化学物对生物体作用所引起的生物学改变，这类生物效应的强度是连续增加或减少的变量，可以用计量数据表示其强度，称为量效应，属于统计学中的计量资料，如化学物引起酶活性的改变、炎症程度的增加、心率的改变等。

2. 反应

反应是某些效应只能以有或无、正常或异常、阴性或阳性表示，称为质效应，属于统计学中的计数资料，如是否死亡、是否发生肿瘤、是否出现畸胎等。

效应能够依据预设的标准阈值被转化为反应，例如，白细胞计数可依据特定的界限被划分为低下或正常范围。该界值的设定通常会根据不同研究目的及效应的分布状态来确定。这属于统计学中的计量资料与计数资料的转换。

（四）生物效应与生物标志

生物体是一个复杂的"开放"系统，通过许多生理功能和生化反应与环境交换物质和能量，并保持动态平衡。生物体对外源化学物的作用具有一定的代偿能力，以维持体内环境的平衡稳定。但是机体的代偿能力是有限的，如果生物体所接触的化学物超过机体的代偿能力时，代偿功能会受到损害，机体将出现各种功能障碍、应激能力下降、维持体内稳态能力降低，以及对其他环境有害因素的敏感性增高等。接触某种化学物后，每个机体出现的效应是有差异的，一般可分为5种情况：①所接触的化学物（或代谢物）在体内的负荷虽有所增加，但并不引起代谢、生理、生化或其他功能活动的改变；②当体内负荷进一步上升时，会引起代谢、生理功能或组织器官形态结构的细微变动，但这些变动尚不具备病理生理学的意义；③负荷水平足以导致病理生理学意义的改变，但尚未出现明显的临床症状；④个体因过量接触化学物，健康受到严重损伤，出现临床疾病；⑤严重中毒或死亡。

1. 化学物的有害效应或毒作用

体内化学物及其代谢物达到一定剂量，并与靶（器官、组织、细胞、分子）相互作用而引起的不良生物学改变。例如，有机磷酸酯类农药中毒时，会抑制胆碱酯酶活性，导致胆碱能危象，表现为多汗、缩瞳、流涎、恶心、呕吐、腹痛、腹泻、二便失禁、支气管平滑肌痉挛、支气管分泌物增多、心跳减慢等症状，严重时可出现肺水肿。化学物引起毒作用的强度范围很宽，包括早期生物学效应、生理、生化正常功能的改变、器官组织的病理改变、临床征象、疾病甚至死亡。从预防医学的角度来看待化学物对生物体的有害效应，我们应当将这些有害的生物学变化视为化学物对生物体产生毒作用的连续进程。采用灵敏可靠的生物学指标作为观察终点（end point），以便早期识别轻微可逆的有害效应，这对预防化学物中毒具有十分重要的作用。

2. 毒物兴奋效应

近年来的研究发现，一些化学物在低剂量和高剂量时会出现不同的毒作用，从而出现了毒物兴奋效应概念。毒物兴奋效应现象的发现源于对细菌生长影响的研究。高剂量抗生素会抑制细菌生长，而低剂量时反而会促进细菌生长。辐射以及特定化学物质对生物体具有类似的生物效应。其含义是在一定剂量时化学物可引起一定的毒作用（激发/抑制），而在低于未可见的有害作用水平的剂量水平以下时却表现为相反的作用（抑制/激发）。化学物低剂量时产生的毒物兴奋效应是由于机体作出了过度补偿，是机体的过激反应或反弹所致。一般认为，毒作用是化学物与机体交互作用的结果，不是所有化学物都有毒物兴奋作用；毒物兴奋作用多数是对生物体有益的，但并非所有化学物都如此。

3. 生物标志

随着分子生物学和分子毒理学的发展，以及化学物对机体免疫功能、神经行为、遗传及生殖过程毒性效应的研究，毒理学者正在使用更加敏感的方法，选择化学物引起毒作用的早期生物学指标作为观察终点，以发现外源化学物对健康的危害。凡是能检测化学物引起有害效应的生理、生化、免疫、细胞分子变化的生物学指标，可称为效应生物标志（biomarker of effect）。

生物标志指的是机体与环境因子（包括物理、化学或生物学因素）相互作用所导致的任何可量化变化，这些变化涵盖了环境因子在体内的转化，以及机体在整体、器官、细胞、亚细胞乃至分子层次上的生理和生化改变，且这些改变需具备明确的生物学含义。生物标志一般分为接触标志、效应标志和易感性标志三类。

（五）联合作用

1. 联合作用的概念

毒理学研究对象常限于某种化学物。虽然已经认识到现实生活中接触化学物的复杂性、多重性，但真正研究多个化学物之间的联合作用时没有更多的简单手段。理论上，目前对联合作用的类型已有一个共识。即联合作用是指 2 种或 2 种以上的化学物同时或前后进入机体所产生的生物学作用。

2. 联合作用的种类

（1）独立作用　2 种或 2 种以上的化学物同时或先后与机体接触，由于各自毒作用的受体、部位、靶器官等不同，其所引起的生物学效应也不互相干扰，从而表现为各化学物的各自毒作用，此种情况称为独立作用。

（2）相加作用　同时接触几种化学物后所产生的生物学作用（或毒作用）强度，表现为各单一化学物分别产生的效应强度的总和。

（3）协同作用　两种或两种以上化学物同时或前后进入机体，表现出的毒作用强度大于各自单独作用之和，该作用称为协同作用。

（4）拮抗作用　两种化学物同时或先后给予机体，其中一种化学物可干扰另一种化学物原有的生物学作用，使其减弱，或两种化学物相互干扰，使混合物的生物学作用或毒作用的强度低于两种化学物中任何一种单独给予机体时的强度，这样的联合作用称为拮抗作用，亦称减毒作用。

虽然理论上能清楚地将联合作用划分为上述类型，但在实际研究中是非常困难的，需要有好的实验设计去说明和验证。尽管浓度加和模型、独立作用模型和相互作用模型被用于预测化学混合物的联合毒性，但这些模型在实际应用中存在局限性。例如，浓度加和模型假设混合物中各化学物质的毒性作用相互独立，且毒性作用与化学物质浓度成正比，这在现实中可能并不总是成立。独立作用模型虽然适用于作用靶标不同或作用机制不同的化合物，但其假设混合物的各组分之间不存在相互作用，这在复杂的化学混合物中可能过于简化。相互作用模型虽然考虑了化合物间的相互作用，但其复杂性可能导致在实际应用中的预测准确性受限。

（六）毒性的时程变化以及反复低剂量接触后的耐受

1. 毒性的时程变化

有害效应或毒作用是进入体内的化学物及其代谢物达到一定剂量后与靶（器官、组织、细胞、分子）相互作用所引起的不良生物学改变，但还没有考虑时程

(time course) 的概念。事实上，给予不同化学物后，因吸收的快慢、是否代谢活化、特定病损的进展速度等因素不同，会在给药后不同时间出现不良效应。这是在不同观察时间点出现不同甚至相互矛盾的生物效应的一个重要原因。为什么在传统的急性毒性研究中，需要有足够长的实验观察时间，就是为了避免晚期出现不良效应。比较完整的毒理学研究应当包括给药后某效应随时程变化的规律，而不是简单地描述在某一特定观察时点的效应与剂量变化关系，除非已有充分数据证明，该观察时点的结果能够全面代表整体情况。

时间毒理学源于时间生物学，是研究化学物与机体内在生物节律相互作用的规律。简单地说，时间毒理学是研究实验对象在不同生物节律状态下（如一天内不同时间、一年内不同季节），给予化学物后不良效应出现的变化，即研究给予化学物后对实验对象生物节律变化的影响。为了消除这些因素的影响，实验动物均应安排在标准的实验动物用房之内，并要求恒温、恒湿及特定的光照周期等。

2. 反复低剂量接触后的耐受

反复接触低剂量的化学物后，机体出现的另外一个现象是耐受，现在发现耐受是毒理学中一个较为普遍的现象。耐受现象指的是，实验动物或个体在经历了一段时间的低剂量化学物质接触后，当再次暴露于更高剂量的同一化学物质时，不再表现出初次接触时的显著不良效应。对耐受研究的经典案例是有机磷酸酯，如敌百虫。在实验中，家兔反复接受小于致死剂量的有机磷酸酯后，会表现出典型的中毒症状，如呼吸加快、瞳孔缩小、唾液分泌增多和肌震颤，以及胆碱酯酶活性降低。然而，随着继续接受有机磷酸酯，家兔的这些症状会减轻甚至消失，最终恢复到接近正常状态。在职业卫生工作中也有许多发现，接触同样水平工业毒物的新老工人在效应方面有明显差别，新工人反映的症状与体征较多，尤其是汞、铅、镉等接触者这一现象较为明显。

耐受现象难以完全用工人的选择效应作解释，而可能与金属毒物的吸收、蓄积、排泄的动力学有关，也可能与金属硫蛋白诱导增生有关，还可能与机体的其他适应性调整有关。新近研究发现，耐受现象的机制非常复杂，不同的指标可能会导致不同的结果。例如，药物耐受性可能与药物的代谢和排泄机制有关，而免疫耐受可能与免疫系统的成熟程度、动物的种属和品系以及免疫抑制措施的影响有关。一般认为耐受是机体对外界的适应，是一种保护作用，但可能掩盖了潜在的毒性作用，故在毒理学研究中须予以特别注意。

二 毒理学的历史与发展

毒理学的历史可追溯至数千年前，当时古代人类已经开始利用动植物的潜在危害性，例如使用动物毒汁或植物提取物进行狩猎和战争。随着对化学、物理、生物因素对机体负面影响研究的深入，毒理学逐渐形成一门科学。例如，我国古代文献中对乌头碱的记载为毒理学的发展奠定了基础。进入20世纪，随着工业生产的发展和化学物质的广泛使用，如反应停事件、水俣病事件等，毒理学研究取得了显著进步，特别是在化学物中毒机理的研究方面。回顾毒理学的发展历史，可以清楚地看到，它的发展绝不是孤立的，而是与各个时代生产和科学的发展、经济政治状况和防病治病的需要紧密联系的。

（一）毒理学早期发展

毒理学的形成与发展植根于人类对自然界有毒物质的长期系统化认知过程。古代文明通过实践积累了丰富的毒物知识，诸多典籍详细记载了植物、动物及矿物毒性的观察记录与中毒救治方法，这些文献对毒物特性与中毒机制的描述具有持久的学术价值。工业革命时期职业中毒现象的集中出现，为研究化学物质与生物体相互作用提供了重要契机，推动了毒物作用机制与解毒策略的系统探索。现代毒理学的奠基性突破体现在实验科学方法的引入，研究者通过严谨的动物实验建立了剂量-效应关系的核心理论体系，确立了化学分析在毒性鉴定中的关键地位，使毒理学研究范式实现了从经验积累向科学实证的根本转变。该学科在方法论层面与药理学存在显著分野：前者聚焦于化学物质的危害阈值与安全暴露限值，后者则致力于治疗窗口的界定。科学实证精神的普及促使毒理学研究建立起基于实验验证、逻辑推演与对比分析的方法论框架，从而系统揭示毒物作用的本质规律。特定欧洲国家在毒理学教育体系与理论构建方面的开创性贡献，为现代毒理学科的制度化与专业化发展奠定了坚实的学术基础。

（二）毒理学近期发展

毒理学的发展历程深刻反映了人类社会应对化学物质安全挑战的演进路径。该学科最初依附于药理学、法医学及职业医学等相关领域，其发展动力主要源于工业化进程中化学物广泛应用带来的健康问题。19世纪末，随着苯系物等有机化合物大规模生产引发的职业中毒事件频发，促使部分大型化学企业率先建立专门的毒理学实验室，致力于评估化学物对工人健康的影响及产品安全性。进入20世纪，放射性物质的发现及维生素研究的深入，为毒理学提供了新的研究对象与生物测试方法。

20世纪20年代，砷制剂治疗梅毒引发的中毒，首批神经毒物的确认（如磷酸三邻甲苯酯、甲醇、铅），以及DDT等有机氯杀虫剂的广泛使用，显著拓宽了毒理学的研究范畴，催生了神经毒理学等分支方向，并推动了对性激素构效关系的探索。30 年代，磺胺类药物溶剂乙二醇导致的严重肾毒性事件，成为推动药品监管体系（如美国 FDA 建立）的重要催化剂，凸显了毒理学在公共健康管理中的关键作用。

伴随着 20 世纪中叶合成化学工业的迅猛发展，大量新型高分子材料、合成农药及各类化工产品涌现，职业接触人群扩大与中毒事件增加，有力促进了工业毒理学的专业化发展。同时，化学致癌机制的研究取得实质性突破，通过动物实验确证了特定化学物与肿瘤发生的关联性，为致癌物风险管理奠定了科学基础。研究对象的范畴也超越了传统化学毒物，扩展至核素、物理因素（如微波、磁场）、生物因子及各类粉尘，研究视野更为广阔。此间暴露的环境污染公害事件（如日本水俣病、痛痛病）及化学物致突变性、遗传毒性的发现，进一步凸显了环境与健康问题的复杂性。

20 世纪 60 年代初，沙利度胺致畸事件经流行病学调查与动物实验确证，极大推动了畸胎学与发育毒理学的进步，并促使多国将发育毒性测试纳入药物、农药及食品添加剂的强制性安全评价体系。公众对环境问题的关注度显著提升，加之 70 年代有害废物污染问题的凸显，推动了环境保护法规的制定，管理毒理学应运而生，专门服务于化学物风险评估与法规制定。化学物危险度评价方法在此阶段得到系统发展。90 年代后，随着常规环境治理取得成效，环境内分泌干扰物（如环境雌激素）等更具潜在长期健康影响的污染物成为研究前沿。

历经上述应对复杂挑战的过程，毒理学逐渐摆脱其附属地位，于 20 世纪中叶发展为一门独立学科，并在近数十年内快速分化形成分支众多、相互渗透的学科体系。其在生态毒理学领域提出的重要概念与研究成果，为理解化学物质对生态系统的影响及维护生态安全提供了关键科学支撑。毒理学研究在揭示化学物危害本质、指导危害控制实践方面贡献卓著，其成果广泛应用于新药研发、化学品安全评估、环境污染防控等领域，为保障人类健康、促进生态环境可持续发展及产生显著经济社会效益提供了不可或缺的科学依据与技术保障。学科的成熟与社会价值的彰显，使其获得政府与社会的广泛认可，专业队伍持续壮大。美国毒理学会、欧洲毒理学会及国际毒理学联合会等组织在全球毒理学界的学术交流与协作中发挥着核心作用，专业经典学术著作的持续更新与广泛传播，对学科知识体系的传承与人才培养具有深远影响。

（三）毒理学发展趋势

毒理学是一门应用性科学，与人们的日常生活、环境保护、经济的可持续发展和人们的健康密切相关，因此必将得到更迅速的发展。毒理学发展总体呈现从表浅到深入、从简单到复杂以及从宏观到微观的趋势。今后势必在微观深入的同时，重新审视宏观和基础的问题，使毒理学概念不断更新、丰富、完善和提高。

毒理学揭示外源化学物对人类和环境生态的潜在危害，从而在预防和控制这类危害中起着重要作用，对化学物和健康相关产品的毒性鉴定或健康安全性的评价及健康风险的评估，仍是毒理学的重要工作内容。在化学物的安全评价方面，体外试验系统的应用必将成为趋势，完善致畸、致突变、致癌和内分泌干扰物的筛检系统，筛选出需要优先进一步研究的化学物，再基于合适的组合试验，判定预测可能具有这类危害的化学物，为加强管理（如禁止生产和使用、特定条件下使用等）提供科学依据。基于定量构效关系和有害结局路径开展化学物毒性预测，已成为当今毒理学研究的内容。有害结局路径是将毒性通路扰动的分子起始事件与毒性有害结局联系起来，分析某一直接的分子起始事件与生物体在细胞、器官、个体和群体等不同观察水平上出现的终极有害效应之间的因果联系。

基于生命科学技术的革新，现代毒理学研究范式已显著演进，其核心从依赖整体动物实验逐步转向器官、细胞及亚细胞层面的精细解析。DNA 分子结构在原核生物、真核生物、哺乳动物及人类之间的高度保守性与同源性，为化学诱变剂与致癌物作用机制的分子水平探究奠定了理论基础。该研究维度不仅深化了对化学物质潜在危害本质的理解，更有效弥合了物种间感受性差异以及体外-体内实验模型预测效力的鸿沟。以美国国家科学院发布的系列战略报告为指引，毒理学发展的前沿聚焦于毒性通路识别、框架构建、剂量-反应关系建模及体外-体内外推模型开发等关键领域。通过整合高通量筛选技术、组学分析及计算毒理学模型，实现对人类细胞、细胞系或特定细胞组分的系统性毒性观测，并依托大数据与信息化分析手段提升毒性表征的全面性与预测准确性。微观层面研究的持续深入正不断补充并修正传统安全性评价的宏观决策逻辑，其影响力体现在交叉参照策略及毒理学关注阈值等新型风险评估方法被逐步纳入监管科学框架之中。

人类生活在一个复杂多变的环境中，暴露的化学物并非单一，发生的疾病或不良效应也可能是多种因素引起的，对于复杂多病因疾病而言，如何准确评估暴露因素与疾病效应之间的关系，无疑是一项艰巨的挑战。暴露组学为解决这一问题开拓了方向。暴露组学简而言之，即探究个体一生中所有暴露因素及其对人类疾病发展进程的影响。为此，不仅要了解空气、水和食物中的环境暴露，还要考虑炎症、应激、脂质过氧化、感染、肠道菌群和其他自然过程产生的内源性化学物的变化，要认识化学物在体内对于关键分子、细胞和生理过程介导的效应。目前，暴露组学概念似乎已经非常清晰，但如何正确使用还任重道远。

生物体是一个复杂系统，只有把孤立在基因、蛋白质等不同水平上观察到的各种相互作用、各种代谢途径、调控通路的改变整合起来，才能全面、系统地阐明复杂的毒性效应。因此，毒理学的必然发展趋势就是向系统毒理学转变。毒物的暴露往往会直接或间接地引起基因表达的改变，实际上毒性就是毒物对细胞正常功能或结构的干扰。除了迅速坏死外，大多数病理过程是在基因的调控下进行的，特定基因表达的差异是与毒理学后果密切相关的，与毒性相关的基因表达的变化往往比目前应用的病理学终点出现得更早。当化合物在体内组织中的浓度达到一定水平时，它会干扰生物信号通路，若这种干扰程度加剧，将导致不良效应，严重时甚至引发死亡，这些被干扰的生物信号通路被称为毒性通路。毒物所诱导基因表型的变化往往不是单一基因功能改变的结果，而是众多基因表达网络、多个细胞生物效应的综合结果。蛋白质组学、代谢组学和细胞组学的兴起，让研究（关注）对象不再停留于一条代谢途径或信号转导通路，而是提升到了细胞活动的网络和生物大分子之间复杂的相互作用关系，即生物体内全部基因或蛋白质成为整体的研究内容。高通量检测技术，作为一种现代医学研究的重要工具，已在临床病毒学领域得到广泛应用，如疾病诊断、药物筛选和病毒变异监测等。在毒理学研究中，该技术同样发挥着关键作用，例如 Tox21 计划利用高通量方法以浓度响应的方式识别毒性问题。此外，医疗仪器在毒物学检测中的应用，如免疫分析法、色谱分析法和光谱分析法，提高了检测的准确度和效率，降低了成本，并拓展了检测范围。基于高通量方法的环境毒理检测技术，如生物化学芯片检测，能够高效地检测大量复杂污染物，结合神经网络模型进行数据分析，为毒理学研究提供了新的视角和方法。这些技术的结合，使得我们能够更全面地监测和分析外源性化学物对生物体的影响，从而揭示从基因组序列和调控的改变到毒性表现的整个过程和机制，为建立损害预测模型和危险度评价模型提供了坚实的基础。

系统毒理学的各种技术具有较高的灵敏度和检测通量，可以在动物实验的低剂量、早期阶段对损伤效应进行深入全面的观察。这既可以大大减少实验动物的数量，又可以减少实验动物的痛苦。如果体外细胞实验提示毒物效应轻微，那么有望避免体外动物实验。高通量的组学手段为研究混合化学物暴露后化学物之间的协同作用或拮抗作用提供了全新的方法，系统毒理学可以方便地进行交叉设计或均匀设计等研究，从而方便地研究混合组分的交互作用，通过比较某一混合物与已知化学物的基因表达模式就可以判定其中的微量污染，这在混合物的毒性和作用机制研究中具有重要意义。

系统毒理学研究发现的差异表达的基因、蛋白质和代谢物群是暴露标志、效应标志和易感性标志的候选对象，再利用特定的靶向技术，如实时定量 PCR、抗体分析技术和质谱等，可以很快地确定并发现新的生物标志，利用这些生物标志能够实现在安全剂量下进行人体作用机制的研究。

系统毒理学在解决动物实验结果外推到人类的不确定性问题上发挥着重要作用。虽然人和某些实验动物在化学物吸收、代谢、作用和排泄方面具有一定程度的相似性，但是实验动物和人毕竟具有本质上的差异，这就有可能因为实验动物对某一化学物具有更大的耐受性或缺乏相关的毒物作用靶点而掩盖了化学物毒性结果的出现。如果在人体内基因蛋白、代谢物变化模式与实验动物模型不同，可以认为两者在某些方面缺乏相关的毒性机制环节，不适宜利用这种实验动物进行相关化学物的安全性评价。相反，变化模式相似程度越高，就越易于根据标志性基因、蛋白质、代谢物的变化进行毒性反应的外推。我们可以通过对梯度剂量下细胞内相关分子变化的检测，对比动物模型或细胞模型与人之间反应的异同，尤其是关键基因表达的相似程度来选择合适的模型进行安全性评价。相近作用机制的化学物可诱导产生相似的基因和蛋白质表达谱，不同的基因表达模式可区别不同机制的化学物，进而获取具有诊断价值的基因和蛋白质表达谱，并与已知标准参照物的表达模式进行对比。这类全面检测机体所有表达基因的技术将用于预测未知毒物的毒性作用，从而对毒物毒性实施预测。

传统毒理学为了减少漏筛毒物毒性的机会，总是采用过高的剂量进行试验，再用各种方法外推至低剂量时的效应。系统毒理学借助高通量检测技术，能够在广泛的剂量范围内检测成千上万个基因表达、蛋白质变化或代谢过程的改变，如通过测定低剂量下基因、蛋白质和代谢物的变化，就可以为高剂量向低剂量效应的外推及确定产生毒性的阈值剂量提供重要依据。基于低剂量暴露时的分子损伤机制研究所获得的剂量-反应关系结果，用于化学物危险度评价具有更高的可信度。

低剂量毒物作用下许多基因的表达是具有可逆性的，其中一些可能是对最初损伤产生的补偿性反应或反馈机制，但并不直接关联最终的毒性结局，因此有必要进一步深入研究将这些与毒性评价无直接关系的基因表达从其中去除。目前毒理学家还面临着一个艰巨任务——如何在海量数据（可逆与不可逆数据、接触后不同时程数据、不同种群和组织的靶细胞数据等）中挖掘毒性通路的关键数据，用于深入分析通路变化与有害效应之间的具体关系。相信随着计算毒理学、计量生命科学技术的引入，不久的将来会有一个清晰的答案。

第二节　生态毒理学与环境毒理学

一　生态毒理学概念与学科地位

（一）生态毒理学与生态碳汇

1. 生态毒理学的概念

生态毒理学专注于研究有毒有害因子，尤其是环境污染物对动物、植物、微生物及其整个生态系统造成的损害作用，并探索相应的防护措施。也可以说，生态毒理学是研究有毒有害因子，特别是环境污染物对生态系统及其组分（动物、植物、微生物及非生命环境成分）的危害与防护的科学。

因此，生态毒理学是以研究和保护野外生物及其生态系统健康发展为其使命的科学，它对于保持和提高生态系统的碳汇能力，实现碳达峰、碳中和目标具有重要的理论和实践价值。由于生态毒理学在环境保护和碳达峰、碳中和的实践中越来越显示出它的巨大应用价值，加之其在生态科学与工程、环境科学与工程等多种学科的研究和应用中具有很大潜力，所以生态毒理学不仅是理论科学，也是应用科学。

2. 环境污染物和与外源化学物

关于在生态毒理学概念中指出的有毒有害因子，由于环境污染是当前全球生态系统所面临的最大问题之一，所以研究环境污染物对生态系统及其组分的危害已成为当代生态毒理学研究的主流。

环境污染物是指由于人为的或自然的原因进入环境并使环境的正常组成和性质发生改变，直接或间接有害于人类与其他生物的物质。环境污染物的种类繁多，主要分为物理性、化学性和生物性三大类。物理性和化学性环境污染物是指那些在环境介质中浓度显著高于背景值、具有环境危害的物理或化学因子。例如，重金属、有机氯化合物和有机磷化合物等污染物在发达国家和一些大型城市、工业园区、农业园区和化工园区中较为常见，它们对环境和人类健康构成了极大的威胁。此外，绝大部分人工合成的化学物质在原生环境中并不存在，因此，只要这些物质能够在环境中检出并证明具有环境危害的属性，它们就可以被认定为环境污染物。在化学品环境管理中通常将环境危害属性划分为持久性、生物可蓄积性和毒性。其中，毒性中的生态毒性是指对淡水、海水、陆地生物的急性和慢性毒性。凡是符合上述三个危害属性的化学物质均归属为持久性生物蓄积性有毒性的污染物（persistent bioaccumulative toxic pollutants，PBTs），应当对其加强监管。

环境化学污染物，作为环境污染物的核心组成部分，种类繁多、污染程度深重且分布广泛，对动物、植物、微生物乃至整个生态系统构成了极大的威胁，成为生态毒理学深入探究的关键对象。环境化学物的严重污染对人体健康带来多种危害，包括呼吸系统疾病、神经系统疾病、肿瘤、出生缺陷等，甚至死亡。毋庸置疑，严重的环境污染可导致受害的众多民众失去健康和劳动能力，甚至丧失生命，是重大的社会问题乃至国际化问题[1]。

环境化学污染物属于外源化学物的范畴。外源化学物是一类“外来生物活性物质”，又可称为外来化学物，以区别于机体内代谢过程中形成的产物和中间产物——内源化学物。外源化学物既非生物体的固有成分，也非生物体生存所需的营养物质或维持正常生理机能不可或缺的物质，然而，它们能通过特定途径与生物体接触，进而渗透进入生物机体，并在其中发挥一定的生物学效应。外源化学物是环境毒理学、生态毒理学等毒理学分支学科最常用的专业术语之一。

3. 生态毒理学研究和与生态碳汇的关系

在大自然中的碳循环过程中，碳汇是从空气中吸收二氧化碳的过程、活动、机制；而碳源是指自然界中向大气释放碳的母体，是与碳汇相对的概念。生态毒理学研究在实现碳达峰与碳中和（即“双碳”目标）的过程中扮演着至关重要的角色。

生态碳汇是对传统碳汇概念的拓展和创新，不仅包含植树造林、植被恢复等措施吸收大气中二氧化碳的过程，还包括草地、湿地、耕地、海洋等生态系统对碳吸收的贡献，以及土壤、冻土对碳储存、碳固定的维持。例如，森林、湿地和海洋都是重要的碳汇，它们通过光合作用、生态机理和生物碳固定作用，吸收和储存二氧化碳，对遏制全球变暖、改善空气质量等方面发挥重要作用。此外，土壤和冻土的碳储存能力也不容忽视，它们维持了碳的长期储存和固定。从生态毒理学视角来看，生态碳汇是指通过绿色植物的光合作用吸收大气中的二氧化碳，并将其固定在植被和土壤中，从而减少温室气体在大气中浓度的过程、活动或机制。借助植树造林、植被复原及多样化的生物固碳手段，运用生态毒理学的方法和技术，为生态系统筑起一道抵御环境污染的屏障，进而提升生态碳汇效能，有效中和生产生活中的碳排放，为“双碳”目标的实现贡献重要力量。这在目前是最为经济、安全、有效的固碳增汇途径之一。

---

[1] 魏庆义，金力，周宗灿，等．环境化学污染物与人类健康［J］．科学，2007，59（03）：26-28+4.

碳汇与碳源不是固定不变的，二者在一定条件下可以互相转化。以森林生态系统为例，一方面，森林植物的健康生长可以从大气中吸收和固定大量的碳，是大气中二氧化碳的一个重要碳汇；另一方面，一旦森林遭受环境污染物，如酸雨的侵袭，森林植物的生长便会遭受重创，光合作用随之减弱，从而使得对二氧化碳的吸收能力不及呼吸作用释放的二氧化碳量。此外，严重的环境污染可以引起森林植物过早衰老，甚至死亡，森林枯枝落叶分解而释放大量二氧化碳，森林土壤中有机物分解速率大于积累速率，从而使衰退的森林变为二氧化碳的源。环境污染物对于草地、湿地、耕地、海洋等生态系统的碳汇也存在类似的损伤作用，而生态毒理学就是研究环境污染对生态系统损伤与防护的科学，可见在生态文明建设新的形势下，在实现“双碳”目标的征程中，学习和研究生态毒理学有其重要的科学和实践意义。

（二）生态毒理学的学科地位

生态毒理学是环境科学、毒理学、生态学和生物学等多种学科交叉融合而诞生的一门新兴边缘学科，并且它也是这些学科的分支之一。此外，随着生态毒理学与其他学科交叉研究的发展，它将在越来越多的学科中发挥重要作用。

环境科学是研究人类与环境相互作用及其规律的科学。人类活动产生的污染物可作用于环境中的无生命组分，如大气、水、岩石、土壤等；同时也可作用于环境中的有生命组分，如动物、植物、微生物等。

毒理学是研究物理性、化学性和生物性等有毒有害因素对人类及动物、植物、微生物等所有生物的损害作用及其机理的科学。生态毒理学是研究有毒有害因素对动物、植物、微生物的损害作用及其机理的科学，它所研究的内容是毒理学研究范畴中的一部分，所以生态毒理学也是毒理学学科的分支学科。

生态学是研究生物与环境相互关系的科学，其中生态系统是重要研究领域。生态毒理学则进一步聚焦于这些生物及其生态系统与环境中有毒有害因素的关系。因此，生态毒理学也是生态学研究范畴的一个组成部分，是生态学学科的分支学科。

生物学是研究生物的结构、功能、发生和发展规律以及生物与周围环境关系的学科，是自然科学六大基础学科之一。生态毒理学研究的生物属于生物学范畴，其关注的生物与环境污染关系也是生物学研究的一部分，因此它是生物学的一个分支学科。

环境毒理学，作为环境科学和毒理学的分支学科，专注于研究环境污染物对人体健康的毒性作用及其机理。其研究对象包括化学性污染物、物理性污染物和生物性污染物，如农用化学品、工业化学品、药物、食品添加剂、霉菌毒素以及化学致癌物等。而生态毒理学则主要研究环境污染物对动物、植物、微生物及其生态系统的损害作用及其机理。尽管两者有共同的历史渊源，但它们的研究对象和任务不同，因此它们是不同的学科。在生态文明建设的宏伟目标引领下，它们需各自独立发展，圆满完成使命，同时又要紧密协作，共同促进人与环境的和谐共生。

生态毒理学凭借其在生态文明建设中的关键角色，已广泛渗透至诸多学科领域，成为这些领域不可或缺的理论支撑和技术源泉。例如，对于生态工程，特别是对于环境生态工程来说，生态毒理学不仅可提供生态监测、生态修复或生态治理等的基础理论和方法，而且可为生态工程的立项、设计、实施和完成等提供科学依据和措施，是生态工程或环境生态工程专业的重要专业基础学科。

对于环境工程专业来说，近年来的研究发现，生态毒理学可为环境工程施工建设和高效运行提供科学依据和措施。环境工程旨在实现环境污染物的清除、减少及资源化利用，为此，从设计、建设到运行的每一个环节，都需紧密围绕功能生物的繁殖与生长需求展开。环境工程运行时，在废水、废气或废渣中，高浓度的污染物直接与其中的生物接触而交互作用，形成了一个人为或半人为的生态毒理系统（我们称之为环境工程生态毒理系统，以区别于传统的自然生态系统），其中的污染物必然要对这些生物产生毒性作用，使暴露生物的命运发生变化。而这种环境工程生态毒理系统不仅应是生态毒理学研究的焦点，而且应是环境工程学研究的重要内容，所不同的是环境工程生态毒理系统中环境污染物的浓度不仅显著高于自然生态系统，而且是人为集中于一起的，即相对可控可调的。此外，环境工程生态毒理系统中的功能生物也是人为加入或种植的，因此也是相对可控可调的。对于生态毒理学来说，传统的研究范畴主要是研究环境污染物对自然生态系统的损伤与防护，侧重于研究环境面源污染对自然生态系统的危害与防护；而现代的研究范畴，不仅包括传统的研究内容，而且要研究在人为建筑中环境污染物对环境工程生态毒理系统的损伤与防护，即研究环境点源污染对人为或半人为生态系统的危害与防护。生态毒理学对环境工程生态毒理系统的研究是一种开拓性的新领域，将使生态毒理学成为环境工程专业的专业基础课程，这对生态毒理学工作者是机遇，也是挑战。

二 生态毒理学与环境毒理学的区别

生态毒理学与环境毒理学学科的提出或诞生至今已经 50 多年了。尽管这两个学科有共同的历史渊源，但它们是不同的学科。环境毒理学自 20 世纪 60 年代作为一个独立学科产生，一开始就将生态毒理学涵盖在内，但其核心内容和任务是研究环境污染物对人体健康的危害及其机制。而生态毒理学则专注于研究环境污染物对非人类生物及其生态系统的危害及其机理。因此，为了这两个学科的快速发展，对二者的独立性及其区别进行详细论述是非常必要的。

（一）两个学科混淆的历史原因

生态毒理学与环境毒理学在学术领域长期存在概念与范畴的混淆现象，这一现象的根源可追溯至学科发展的历史脉络。环境毒理学自诞生之初便缺乏统一的学科界定，其概念与任务未通过标志性论著得以系统阐释，导致不同学科背景的研究者基于各自视角开展环境毒性相关研究，进而形成跨学科的研究范式。这种开放性特征虽推动了学科内容的多元化，却也使其边界日益模糊，涵盖范围扩展至环境污染物对人类及各类生物的广泛影响，客观上加剧了学科概念的泛化。与此同时，生态毒理学在 20 世纪 60 年代末被提出，虽明确了以生态系统及其组分为研究对象，但其创始人提出的宽泛定义将人类纳入动物范畴，并强调对人类影响的关注，使其在研究范畴上与环境毒理学形成高度重叠。这种定义上的趋同性，加之学科初创时期专业术语体系尚未完善，导致两者在后续发展中逐渐演变为同一概念的两种表述形式。尽管部分学者尝试区分二者的学科边界，但缺乏系统性的理论建构与范式创新，使得学术界在术语使用上长期处于混用状态。这种混淆不仅体现在学科著作的内容交叉中，更反映在研究主题的标签化处理上，部分成果甚至存在“同名异质”或“异名同质”的现象。从学科演进规律分析，这种历史性混淆的本质在于学科初创期理论框架的薄弱性、研究范式的开放性以及学术共同体的认知差异，三者共同作用导致生态毒理学与环境毒理学在概念体系、研究内容及学科定位上长期缺乏清晰界限，进而制约了两者在理论深化与实践应用中的独立发展。

（二）两个学科发展的历史轨迹独立

基于历史文献分析，生态毒理学与环境毒理学的概念混淆现象源于学科初创时期的理论建构特征。20 世纪 60 年代末期，两个学科术语近乎同步出现，但学科范式存在显著差异：环境毒理学在 1968 年形成时缺乏系统性的理论框架与标志性著作，其研究范畴因多学科背景科学家的共同参与而呈现泛化趋势，涵盖所有生物体的健康危害研究。与之对应，1969 年提出的生态毒理学虽由学术创始人定义，但其概念建构将人类纳入动物范畴，导致学科边界与环境毒理学产生实质性重叠。这种初始定义的兼容性造成后续学术实践的混同，表现为学术著作命名互换、研究内容交叉等现象，其根源在于学科草创阶段的核心范畴界定缺失与后继研究者对初始概念的沿袭性接受。

学科发展轨迹的历史考证揭示二者本质的独立性。环境毒理学的学术源流可追溯至18世纪职业医学观察，其研究主体始终聚焦环境污染对人类健康的损害机制，研究主体以医学家与毒理学家为核心。生态毒理学则发轫于19世纪中叶工业污染对野生物种的生态效应研究，由生态学家主导非人类生物群体及生态系统的污染响应机制探索。环境毒理学持续深化人群健康风险评估与毒性作用机制，生态毒理学则致力于构建野外生物群体暴露响应模型及生态系统级效应评估。这种历时性差异印证了二者在研究对象、方法论及学术共同体构成上的根本分野。

两学科的本质区别体现于研究范畴而非生物组织层次。二者均涉及群体效应与分子细胞层面的机制探索，但环境毒理学始终以人类健康保护为终极目标，其模式生物研究服务于人类毒性通路解析；生态毒理学则关注非人类生物构成的自然系统稳定性，其微观机制研究旨在揭示污染物在生态网络中的迁移转化规律。这种范畴差异决定了二者在理论建构、评价体系及应用导向上的根本分歧。

（三）中国教育界实施两个学科的独立发展

当特定研究领域历经长期知识沉淀与范式迭代，其理论体系与研究边界的扩展往往催生学科分化需求。在环境科学与生命科学交叉领域，环境毒理学与生态毒理学长期处于概念模糊、研究范式混同的状态，尽管二者在研究对象、方法论及实践目标上已呈现显著差异。2006年，学界首次系统构建了二者的学科区分框架，从概念内核、研究维度、技术路径及实践应用等层面建立鉴别标准，明确指出环境毒理学聚焦污染物对生物个体的毒性效应机制，而生态毒理学侧重污染物在生态系统层面的传输、转化及群落级响应。这一理论突破为学科分化提供了认知基础，推动教育主管部门在教材建设层面作出关键布局。

学科分野在教育体系中的制度化确认，标志着学科独立发展的实质性启动。教育部通过国家级规划教材立项机制，先后将《环境毒理学基础》与《生态毒理学》纳入高等教育核心课程体系。这种教材体系的重构不仅实现了知识体系的模块化分割，更通过教学大纲修订、课程群重组等配套措施，推动两个学科在人才培养目标、知识图谱构建及实践能力培养等维度形成差异化发展路径。学科分化带来的知识生产专业化，促使研究范式加速创新：环境毒理学领域深化了分子毒理机制与风险评估模型研究，生态毒理学则推动了多介质暴露模拟与生态系统健康诊断技术的发展。这种双向驱动的学科发展模式，既保持了学科间的理论对话，又促进了各自知识体系的自主演进，为环境科学领域的学科建设提供了具有示范价值的实践范式。

第三节　生态毒理学的研究任务与研究方法

一　生态毒理学的研究任务

生态毒理学的主要任务是为保护生态系统的健康发展和生态平衡服务，为生态预警、生态安全、生态培育、生态修复和生态工程等生态环境保护事业提供科学依据、策略和措施，为我国生态文明建设和发展作贡献。

当前，我国生态文明建设已进入以降碳为重点战略方向，推动减污降碳协同增效，促进经济社会发展全面绿色转型，实现生态环境质量改善由量变到质变的关键时期。为了我国如期实现碳达峰、碳中和目标，一个重要方面在于提升生态碳汇能力，强化国土空间规划和用途管控，有效发挥森林、草原、湿地、海洋、土壤、冻土的固碳作用，提升生态系统碳汇增量。为此，研究和防止环境污染对生态的损害，提高生态系统碳汇功能，就成为生态毒理学的一项重要任务。

促进绿色经济的增长也是生态毒理学研究的重要任务。生态毒理学技术不仅是环境保护的科学工具，也是各种产业与环境保护之间不可或缺的纽带和桥梁。例如，生态风险评价在工业、农业、商业甚至城乡规划和建设等各种国民经济领域中起着重要作用。在铁路与公路的修建、水库与油库的建造，以及工厂、民居的大规模新建或改建，绿色产品的生产、研发与认证，乃至生态农业、生态工业及生态城市的规划与推行等一系列进程中，首要任务是开展生态风险评价，从而为这些生产和建设提出生态保护的具体指导和要求，也为管理者的决策和监督提供科学依据和措施。

此外，生态毒理学的研究成果能够为生态环境损害司法鉴定的法规制定与具体实施奠定坚实基础，有效防范自然及人为因素引发的生态环境损害事件，提供法律层面的有力保障，并为将生态环境保护纳入法治化管理轨道做出积极贡献。

二　生态毒理学的研究方法

生态毒理学的研究方法种类繁多，随其研究目的和对象的不同可选择不同的研究方法。在研究对象或试验材料的选择上，根据研究的目的可选用植物、微生物、非哺乳类动物和哺乳类动物。其中，除了生态毒理学常用的人工培养的模式生物如斑马鱼、大型蚤、赤子爱胜蚓、拟南芥、紫露草及蚕豆等外，还可选用研究现场中有代表性的野生动物、植物、微生物个体或群体。依据研究规模和对象处理方式，生态毒理学研究可划分为体内与体外研究、室内试验与野外调查，以及分子、细胞、个体、种群至生态系统等多层次研究。总之，生态毒理学研究既重视宏观水平的研究，也强调微观至分子水平的研究，后者在探索分子生态标志物及灵敏评价生态健康状况方面尤为重要。从微观水平推动生态科学和生态工程学科的发展和应用是生态毒理学的主要任务之一。

生态毒理学研究方法的另一显著特点是其综合性和学科交叉性。生态毒理学是一个由多种学科交融形成的新型边缘学科，因此它的许多研究方法往往源自其他学科，不断扩展与其他学科的交叉研究也是其发展的持久动力。

（一）体内研究

生态毒理学研究方法中的体内研究也称为整体生物试验方法，这是因为体内研究一般是在整体动物、植物个体中进行的。

1. 体内研究的设计与实施原则

基于研究目标，依据实验生物可能遭遇的剂量和暴露途径，安排实验生物在一定期限内接触环境中的有毒有害因子，随后观测其形态与功能的变异情况，进而深入剖析并探讨这些因子的毒性作用及其规律。

2. 体内研究的优势

体内研究不仅能反映有毒有害因子对实验生物的综合生物效应，而且也能反映对实验生物的各种不同生物学效应。目前，体内研究在生态毒理学甚至在生物学研究中仍然占据重要地位。

3. 体内研究的分类

体内研究可以分为急性毒性试验、亚急性毒性试验、亚慢性毒性试验和慢性毒性试验。

急性毒性试验是指研究环境污染物大剂量一次暴露或短时间内多次暴露对所试生物引起的毒性效应方面的试验。

亚急性毒性试验和亚慢性毒性试验均旨在探究生物体在连续多日接触环境污染物后所表现出的毒性效应。它们的区别主要在于污染物暴露的剂量和期限的不同上，具体暴露期限与受试生物的生命周期长短及试验目的有关。具体地说，亚急性毒性试验一般是指受试生物在不超过其寿命的 1/10 年左右的时间内，每日或反复多次接触环境污染物的毒性效应试验；而亚慢性毒性试验是指受试生物在比亚急性毒性试验较长的期限内，每日或反复多次接触环境污染物的毒性效应试验，亚慢性毒性试验远比慢性毒性试验的期限短。

慢性毒性试验是指生物机体长期接触环境污染物的毒性效应试验，暴露期限随生物物种生命周期长短的不同而异，有的试验甚至需要终身染毒。

例如，对于啮齿类动物体内试验而言，亚急性毒性试验的暴露期限一般为14～28天，亚慢性毒性试验的暴露期限为3～6个月，而慢性毒性试验的暴露期限为6个月以上直至终生。

4. 体内研究的试验应用

由于环境污染物在生态系统中往往是低剂量、长时期暴露的，所以在评价其生态危害时，亚慢性毒性试验和慢性毒性试验的结果比急性毒性试验往往更有价值。因此，在生态毒理学研究中亚慢性毒性试验和慢性毒性试验的应用很广泛。例如，采用整体动物慢性毒性试验的方法进行重金属（如铜）、抗生素（如四环素）及农药等环境污染物对水生动物斑马鱼生态毒理学效应的研究，结果发现，这些化学物均可影响斑马鱼的胚胎发育，且呈剂量-效应和时间-效应关系，其中一些化学物对斑马鱼的胚胎还具有明显的致死、致畸效应。

急性毒性试验由于耗费时间短、成本低、效应明确，容易获得剂量-效应关系，所以也常被应用于生态毒理学研究和实践中。根据实验生物类群的不同，整体生物的急性毒性试验可分为水生生物急性毒性试验、陆生生物急性毒性试验。

（1）水生生物急性毒性试验

鱼类急性毒性试验是水体生态毒理学研究的重要内容之一，且鱼类被广泛用于水质污染的生物监测。鱼类急性毒性试验目前推荐选用斑马鱼、稀有鮈鲫、剑尾鱼等为实验鱼种。此外，也可用金鱼进行急性毒性试验，而以往多选用草鱼、青鱼、鲢鱼及鳙鱼四大养殖淡水鱼。

蚤类急性毒性试验也被生态毒理学研究广为采用。蚤类属于水生浮游动物，传代周期短，易培养、繁殖，且对许多毒物很敏感。其中，大型蚤是有关环境监测部门确定的标准生物。

藻类急性毒性试验。藻类属水生低等植物，在食物链中位于初级生产者阶层。评价有毒有害因子对藻类生长的作用，一方面可反映水体污染状况，另一方面可反映该水体初级生产营养级的受损害程度，从而可评估水体生态系统的变化。

（2）陆生生物急性毒性试验

由于陆地生态系统是以土地或土壤为基础的，所以在很多陆地生态系统生态毒理学研究中采用直接或间接依赖土地或土壤生存的动物或植物进行生态毒理学研究。研究对象主要包括陆生植物、陆生动物（如土居动物）以及土壤微生物等。

陆生植物：陆生植物是对土壤依赖性最强的生物，选择它们进行急性毒性试验可以研究环境污染物对陆地植物及其生态系统的损害效应与机理，从而为评价植物净化环境的能力和环境污染物的生态效应提供科学依据。陆生植物急性毒性试验还可筛选出对环境污染物敏感的或抵抗力强的植物。对环境污染物敏感的植物可用作环境污染的生物监测，它们被称为“不下岗的环境监测员”。对环境污染物抵抗力强的植物可用于环境污染严重地区的绿化植物，从而对环境起到净化作用。采用的试验方法主要包括种子发芽试验、根伸长急性毒性试验以及植物幼苗生长急性试验等，部分研究还采用有毒气体对植物进行动态熏气试验。

陆生动物：为了探究大气污染物对陆地生态系统产生的生态毒理学效应，陆生动物急性毒性试验同样可考虑将非土居动物作为研究主体。根据研究目的可选用两栖类、鸟类、昆虫类以及哺乳类等陆生物种的实验动物或陆生野生动物进行生态毒理学研究。

陆生的土居动物也是生态毒理学常用的实验动物，其中以蚯蚓较为多用。常用的蚯蚓品种有赤子爱胜蚓等。蚯蚓因其生活周期短暂、繁殖能力强大且易于饲养的特点，常被用作研究有毒金属、农药等污染物对土壤生态系统造成损害效应的重要对象。

土壤微生物：随着工业化进程的加快，重金属污染问题日益凸显，土壤微生物对重金属污染非常敏感。研究显示，重金属如 Cd、Pb、Hg 以及铜和多西环素复合污染对土壤微生物种群、土壤酶活性和抗性基因等生态毒性指标有显著影响，这些影响受到土壤微生物生态特征变化的监测和评估，成为土壤生态系统生态毒理学研究的重要内容。

（二）体外研究

在离体器官水平的生态毒理学试验中，通常会在动物处于麻醉状态下取出其器官，例如大鼠的肝脏、心脏及血管等，随后对这些离体器官进行灌流或孵育处理。灌流液或孵育液中会含有特定浓度的受试化学物，旨在探究环境污染物在所测试脏器内的代谢转化过程及其毒性作用特征。

细胞水平的生态毒理学试验，是采用体外细胞培养技术，从动物、植物组织分离细胞并进行培养，研究环境污染物对细胞的毒理学作用。例如，从大鼠胸主动脉血管中分离出内皮细胞或平滑肌细胞，进而在体外进行培养，旨在探究环境污染物对血管细胞或分子的毒理学作用机理。多种动物和植物的组织均可被用来分离并制成单细胞，以供体外培养和生态毒理学研究之用。此外，还可利用在体外多次传代的永生化的细胞株进行生态毒理学研究。

亚细胞水平的生态毒理学试验，随着生物离心技术的高度发展，可将各种细胞器，如细胞核、内质网、线粒体及微粒体（实质是内质网的碎片）等分离纯化，进行电子显微镜观察及各种生物化学和分子毒理学研究，在亚细胞水平探讨环境污染物作用的性质和机制，筛选环境污染物的生物标志物。

（三）生化水平与分子水平的生态毒理学试验方法

环境污染首先在生物分子水平上引起生化和分子毒理学损伤，例如与DNA或RNA发生相互作用导致基因突变和链的断裂，与蛋白质结合形成复合物，影响其结构和功能。随后，环境污染物通过改变膜脂流动性影响膜通透性和镶嵌蛋白质活性，干扰细胞内钙稳态，干扰细胞能量合成，导致脂质过氧化和自由基的产生，对细胞膜、细胞器及整个细胞造成损伤甚至死亡。进一步地，这些污染物引起器官和组织的损坏，影响个体的生长发育，甚至导致个体的死亡。大量个体的生长发育不良或死亡，就可能导致种群、群落乃至生态系统的改变甚至衰退。为了维护生态系统的安全，我们应致力于在细胞或组织受损之前，有效遏制环境污染物的生态毒性作用。因此，借助现代生物学、化学手段，尤其是现代生物化学与分子生物学的理论与技术，探寻分子生态（生物）标志物，旨在监测种群及生态系统的健康状况，并预警物种及其群落的早期受损情况，构成了分子生态毒理学研究的核心内容与使命。

生物化学和分子生物学理论和技术的飞速发展，为分子生态毒理学研究提供了新的思路和工具。在生态毒理学研究中，大量生物化学和分子生物学方法被使用。例如，细胞DNA、RNA及蛋白质合成试验，细胞非程序性DNA合成试验，DNA加合物测定，单细胞凝胶电泳技术检测细胞DNA损伤以及环境污染物对DNA、RNA、蛋白质及脂质的氧化损伤试验，对各种酶活性的抑制及诱导试验，对金属硫蛋白、热休克蛋白及其他应激蛋白的诱导试验，以及RT-PCR试验等分子生物学方法。RT-PCR是将RNA的反转录（RT）和cDNA的聚合酶链式扩增（PCR）相结合的一种分子生物学研究技术。

近年来，转基因技术、基因芯片技术、蛋白质芯片技术、RNA干扰技术以及表观遗传学研究技术等分子生物学新方法、新技术，被不断引入分子生态毒理学研究领域。环境污染物对动植物基因组、转录组、环境基因组、毒理基因组、蛋白质组及代谢组等组学效应的研究，可从全局高度探讨环境-基因-效应之间、不同基因之间、不同代谢途径之间的错综复杂的交互关系。这些高新生物技术的广泛应用将极大地推动生态毒理学学科的发展。

（四）模型生态系统生态毒理学的试验方法

模型生态系统，通俗地讲，就是人为或半人为的生态系统模型。利用这个生态系统模型进行的生态毒理学试验称为模型生态系统生态毒理学试验。

不但一种环境污染物对不同种类的生物可能具有不同的毒性作用，而且同一种环境污染物对不同生态系统中的同一种生物的作用也可能不同。换言之，同一种环境污染物对一种生物种群的毒性效应可以随生态系统的不同而不同。此外，在同一生态系统中，一种环境污染物对某个生物种群的毒害作用可能会间接引起对其他种群生物的不利效应，即间接效应。因此，生态毒理学在论述环境污染物对某种生物的毒性作用时必须描述该生物种群所处的生态系统；同时，在探讨某一种群因环境污染物而遭受的直接毒害时，还需阐述其对其他生物因素及非生物环境所可能引发的连锁影响。与此相反，许多生态毒理学文献仅仅研究一种环境污染物对一种生物种群的效应（我们称此为“一对一”研究）。尽管这类研究为生态毒理学的理论基础奠定了坚实基础，但其局限性同样不容忽视。因此，在进行生态毒理学风险评价时，对这些“一对一”研究结果的采用应考虑其可靠程度。为了克服“一对一”研究的局限性，科学家创建了模型生态系统生态毒理学试验方法。

模型生态系统生态毒理学试验方法是研究环境污染物在生物种群、群落和生态系统水平上的生态效应的一种试验方法，又称微宇宙法。微宇宙是自然生态系统的一部分，包含生物和非生物的组成及其过程，包括生产者、消费者和分解者三类生物，具备生态系统的结构和功能。其规模小巧，便于重复操作与控制，主要应用于研究生态系统层面上环境因子的作用效果。但是，模型生态系统没有自然生态系统庞大和复杂，不能包含自然生态系统中的所有组成及所有过程，因而不能完全等同于自然生态系统。

模型生态系统生态毒理学试验，也称为微宇宙毒性试验，是一种评估化学品对生态系统影响的有效方法。根据生态系统的类别，微宇宙毒性试验主要分为水生微宇宙毒性试验、水生中宇宙毒性试验和陆生微宇宙毒性试验。例如，研究中使用了水生微宇宙系统来评估吐纳麝香和佳乐麝香的生态毒性，以及毒死蜱和三唑磷对水生生态系统的潜在影响。

水生微宇宙毒性试验是利用多种水生生物在水体中共存，在室内用体积小于 $1m^3$ 的实验容器，在模拟自然水环境条件下，研究环境污染物的理化性质和生物毒性的变化及其对水生生态系统的影响，进而能够大致掌握污染物在自然生态系统中的迁移、转化流程及潜在危害特征。

水生中宇宙毒性试验模型是水生微宇宙和自然生态系统之间的桥梁，可以在室内构建，也可以在大范围水域中围栏而成。中宇宙毒性试验是模拟池塘、湖泊和河流生态系统，研究污染物在生态系统水平上可能产生的生态环境效应，以弥补微宇宙毒性试验体积小、系统结构简单、稳定性不足和维持时间不够长久的缺点。中宇宙毒性试验不仅能借助自然水域的生物与非生物组分，还能将人工培育的水体生态系统（涵盖人工培养的生物与非生物部分）纳入其中。水生中宇宙毒性试验必须具备生态系统的基本结构与功能，在结构方面需有非生物因素和2～3个营养级的食物链生物，功能方面需有群落代谢、物质循环和能量流动过程等。总之，应与自然生态系统接近。

陆生微宇宙毒性试验主要包括土壤微宇宙毒性试验和模拟农田生态系统毒性试验等。

土壤微宇宙毒性试验旨在探究污染物对陆生植物、土壤微生物及无脊椎动物（诸如蚯蚓等）的生态毒理影响，并深入考察污染物在土壤与生物体间的迁移、富集、残留及转化过程。盛土壤用的器皿可以由塑料、陶瓷及水泥等制成。试验规模的大小依任务和目的而定。

模拟农田生态系统毒性试验是评估农业化学用品对农田生态系统综合影响的重要手段，它不仅关注农药在作物、土壤液相（包括土壤淋溶液）及气相中的残留、迁移、富集和转归，还涉及对土壤中主要农药残留类型的研究，如有机氯农药、有机磷农药、氨基甲酸酯类农药和拟除虫菊酯类农药等。此外，试验还考虑了农药残留的迁移方式，包括挥发、淋溶、吸附和生物积累等，这些方式可能导致农药残留不仅局限于土壤表层，还可能对地下水和生物多样性造成威胁。

（五）生物调查方法

环境污染物对动物、植物和微生物及其生态系统的危害，可以通过生物调查方法进行研究。对人群受环境污染物危害情况的调查称为环境流行病学调查，而对非人类生物受环境污染物危害的调查称为生物调查。生物调查方法是通过对暴露于污染物后的群体和个体生物进行实地观察、了解、记录和室内分析，研究观察对象在外形、结构和功能上的损伤，并估算受损害个体在其群体中的分布和概率，探讨污染物对生物损害的类别、性质、程度、剂量-效应关系以及预防和治理（修复）对策。严格进行的生物调查是获得环境污染物生态毒理效应可靠证据的有力工具。

生物调查方法的过程如下。

第一，对生态系统中环境污染物的种类及其污染源进行调查，确定污染物在该生态系统中的空间分布、时间分布、浓度分布及其变化规律。

第二，选择参照生态系统。一般可以生态系统受污染前为参照生态系统，也可以附近未污染的类似生态系统作为参照生态系统。要对参照生态系统中化学成分、能量分布、环境容量及生物状况等环境背景进行相应调查研究。

第三，进行生态效应调查。要对生态系统中，不同物种种群和个体受污染物毒性作用后的状况进行调查。调查不同生物水平的生态效应（包括分子效应、细胞效应等微观效应直到个体以上的宏观改变），包括亚致死效应和致死效应、种群结构和密度的变化以及生物多样性的变化等所有生物组分和非生物组分的变化。例如，对于植物来说，植物受到污染物作用后，常常会在植物形态上，尤其是在叶片上出现肉眼可见的伤害症状。不同污染物质和浓度所产生的症状与程度往往不同。也可以利用植物在污染区和清洁区（参照生态系统）的生理学方面（如光合作用、呼吸作用、酶的活性等）的变化和生产量（包括数量和质量方面）的差异来了解污染物的生态毒性作用。

第四，确定采样（或观察）地点和采样要求。对于大的生态系统，对每个物种的每个个体进行调查是不可能做到的，因此应选择有代表性的点位和个体进行调查。应在具有代表性的点位和时间，按规定采集有代表性的样品，必须能够反映该生态系统的实际情况。若忽视了样品的代表性，即使采用先进的分析手段认真地分析，也得不到正确的结果。要获得正确的、可靠的调查结果，正确的布点和采样是关键。

第五，要重视敏感植物和敏感动物的调查。根据不同污染物的敏感动物、植物确定重点调查物种。一般而言，蚯蚓与鱼类等生物常被视作多种环境污染物的敏感指示生物。

第二章

环境污染物的生态毒理学效应与生物转运机制

生态毒理学作为一门研究环境污染物对生物个体、种群、群落乃至整个生态系统产生不良影响的学科，对于深入理解环境污染物的危害机制以及制定科学有效的环境保护策略具有至关重要的意义。本章围绕环境污染物的生态毒理学效应与转运机制展开系统阐述，从分子水平、细胞与个体水平、种群与生物圈水平等多个层次深入探讨污染物的毒性作用机制，同时论述环境污染物的生物转运与转化过程，旨在为读者全面呈现环境污染物的生态毒理学特征，为后续的环境保护和生态修复工作提供坚实的理论基础。

第一节　分子水平的生态毒理学效应

在当前生态环境中，物理、化学、生物性污染物，尤其是化学污染物，对动物、植物、微生物及其生态系统造成显著损害。这些污染物包括有机污染物及其降解产物，它们通过影响生物多样性、群落结构和生态系统服务，对环境产生了长期的生态毒理学效应。鉴于化学污染的严重性，生态毒理学研究特别关注这些污染物对生态系统的损害作用。

环境污染物会导致生物体内生物分子的结构、数量及功能发生变化，这种效应被称为分子水平的生态毒理学效应，简称为分子效应。环境污染物进入机体以后将与内源性靶分子交互作用，产生分子效应，进一步引起细胞功能和/或结构的异常，随之启动分子、细胞和/或组织水平的修复机制。

一般来说，同一种环境污染物其浓度越大引起的分子效应越大，即存在剂量-效应关系；同时也存在时效关系（时间-效应关系），即随着生物暴露该化学物时间的延长，其引起的分子效应也将增大。如果毒物引起的异常不能得到及时修复或者在修复中发生错误，则可导致细胞功能紊乱直至细胞死亡。细胞异常或死亡可导致组织器官功能异常，严重时甚至引发坏死，进而影响个体的繁殖能力，乃至导致死亡。大量个体死亡就会导致种群结构改变，生态系统的健康受损。因此，环境污染物在不同水平上的毒害作用均始于它的分子效应。

但是，不是所有分子效应都可以导致个体死亡和种群数量改变。这是因为分子效应只是一种生态毒理效应中最早期、最灵敏的效应。当环境污染物停止作用时，轻微的、短期的分子效应通常能够迅速修复，从而恢复正常状态。这时，分子效应就不会发展为细胞、组织和个体水平的生态毒理学效应了。因此，如果及时发现这些分子效应后，立即追查原因并采取措施，停止污染物对环境的继续污染，这种分子效应就可能停止发展甚至向正常方向逆转，生态系统的破坏就可得到避免。由此可见，这些分子效应往往可以作为指示生态健康状况的生物标志物，能对污染物的生态影响做出预测或早期警报，提示是否有生态风险发生的可能。从众多分子效应中，探索和筛选能够满足环境保护需要的生物标志物是分子生态毒理学的主要任务之一。此外，研究分子效应还能揭示环境污染物生态毒性作用的机制，探讨保护生态系统的分子生态毒理学方法和对策。

一 环境污染物对 DNA 和基因表达的损伤效应

（一）环境污染物对 DNA 的损伤效应

环境污染物攻击细胞 DNA，引起 DNA 结构损伤和功能障碍，是最常见的分子遗传效应，历来为生态毒理学研究所重视。DNA 损伤有多种类型，其中以 DNA 加合物的形成最引人注目，其次 DNA-蛋白质交联、DNA 氧化损伤等也很受关注。DNA 损伤如果没有及时修复或者修复错误，就可能导致基因突变。

1. DNA 加合物

亲电的环境污染物或其亲电的代谢物分子中的亲电基团，可与核酸或蛋白质分子中的亲核基团，发生共价键合反应形成 DNA 加合物。这种共价键合反应一般是不可逆的，可导致持久地改变生物大分子的结构和功能，因此具有重要的生态毒理学意义。

DNA 加合物是一个受到最多关注的生物标志物，因为它与环境污染物的遗传毒性直接相关。环境污染物与核酸发生的最常见的共价结合反应是烷化剂对 DNA 的烷化反应。烷化剂是带有烷化功能基团的有机化合物，它可以通过共价键合反应把自身的烷基转给生物大分子，使生物大分子烷化而发生结构和功能损伤。

大多数烷化剂需经过生物转化形成亲电子活性代谢产物，才可攻击 DNA 上的亲核中心，与碱基发生共价结合，生成 DNA 加合物。DNA 加合物的形成，即亲电性物质或其代谢产物与DNA分子特异位点形成的共价结合物，是DNA化学损伤的一种普遍形式。这些加合物若未能及时或正确修复，可能导致基因突变、染色体损伤，进而促进肿瘤的发生。如生殖细胞基因发生改变，可影响后代，甚至累及生物的基因库。此外，RNA也有亲核部位，也可与亲电子化合物结合，影响RNA的功能（如蛋白质合成等）。

目前已经发现，多环芳烃、芳香胺、黄曲霉毒素及各种烷化剂等100余种化合物可与DNA形成加合物。DNA加合物的形成是生物对环境污染物吸收、代谢及大分子损伤与修复等多种生物化学过程的综合结果。动物肝脏的DNA加合物与环境污染物之间存在剂量-效应关系。血液淋巴细胞DNA加合物的水平也与遗传毒物的暴露有关。鱼、软体动物接触苯并［*a*］芘和芳香胺后形成的加合物其水平可很好地反映这些有机污染物的污染状况。

有些环境污染物本身不是烷化剂，但是可以促进烷化剂与DNA发生共价结合，如SO_2对苯并［*a*］芘与DNA的共价键合有促进作用。

2. DNA-蛋白质交联

某些环境污染物可直接或间接地引起DNA与蛋白质之间发生交联，形成一种稳定的结合。例如，诸如氮芥烷化剂、丙烯醛、二硫化碳等双功能烷化剂或亲电化合物，具有促使DNA与蛋白质发生交联的能力。DNA-蛋白质交联很难修复，可在体内长期保留，作为一种生物标志物具有独特价值。紫外线、电离辐射、各种烷化剂、醛类化合物、铂类抗癌物以及某些重金属等均可引起DNA-蛋白质交联。研究发现，SO_2也可引起DNA与蛋白质之间发生交联。

DNA-蛋白质交联作为一种遗传损伤，能够引发基因突变、细胞癌变，以及细胞周期的紊乱，进而影响细胞信号转导和基因表达的正常过程。

3. DNA氧化损伤

自由基对核酸的主要攻击位点为核酸腺嘌呤和鸟嘌呤的C-8、嘧啶C-5和C-6的双烯键，从而引起碱基置换、嘌呤脱落、DNA链断裂、基因表达异常，导致细胞损伤，甚至发生突变和癌变。

DNA对活性氧的高敏感性，活性氧（ROS）可导致DNA遭受多种氧化损伤，产生包括8-羟基鸟嘌呤在内的多种碱基氧化产物。8-羟基鸟嘌呤，特别是其在鸟嘌呤C-8位置的氧化产物，是DNA氧化损伤中最常见的生物标志物。

（二）环境污染物对基因表达的效应

基因表达是指细胞在生命过程中，把储存在DNA碱基顺序中的遗传信息经过转录和翻译，转变成蛋白质的过程。在RNA聚合酶的催化下，以DNA为模板合成信使 RNA（mRNA）的过程称为转录。翻译是将成熟的 mRNA 分子中“碱基的排列顺序”（核苷酸序列）解码，并生成对应的特定氨基酸序列，即蛋白质分子的过程。因此也可以说，从 DNA 到蛋白质的过程叫基因表达，对这个过程的调节即为基因表达调控。

基因组中许多基因的表达对环境污染物的作用非常敏感，因此，即使短期暴露于低水平的空气污染也可能导致基因表达的长期改变，并增加患多种疾病的风险。例如，特定 PM2.5 成分对 DNA 甲基化水平有显著影响。局部环境因子如空气污染对基因表达和健康的影响大于遗传背景，这表明环境污染物对基因表达的影响是普遍存在的，并可能对细胞造成损伤。此类研究通常聚焦于环境污染物对特定基因或一组基因表达影响的精确分析，广泛采用了实时定量聚合酶链式反应（qRT-PCR）等先进的分子生物学技术。

1. *环境污染物对动物基因表达的影响*

环境污染物对基因表达的影响是非常普遍的。多种环境污染物如大气环境气态污染物（如氮氧化物、O_3、SO_2 等）、农药、重金属、持久性有机污染物［POPs，如多氯联苯（PCBs）、苯并［a］芘等］、环境内分泌干扰物（如二噁英等）及环境生物毒素（如微囊藻毒素）等均可引起多种实验动物的基因表达发生改变，这对于阐明环境污染物毒性作用机理、制定防护方法及筛选生物标志物等都有一定的科学价值。环境污染物对基因表达的影响非常普遍，这一点通过多项研究得到了证实。例如，铅、镉、抗生素（如诺氟沙星和四环素）等均可引起斑马鱼不同器官不同基因的表达下调或上调，有的基因表达变化还与其行为异常、胚胎畸变，甚至死亡有关。

2. *环境污染物对植物基因表达的影响*

为了深入探究环境污染物对植物的毒性作用机理以及植物对化学物质胁迫的适应机制，关于外源化学物质对植物，尤其是农作物基因表达影响的研究进展迅速。例如，玉米田常用的氯代酰胺类除草剂异丙甲草胺对玉米谷胱甘肽硫转移酶（GSTs）基因表达有显著影响。此外，异丙甲草胺还影响玉米花青素合成相关基因的表达，花青素作为一种抗氧化剂，其合成的改变可能与玉米对除草剂的响应有关。玉米对异丙甲草胺的敏感性差异研究进一步揭示了不同玉米品种在代谢水平和抗氧化水平上对除草剂的反应。因此，这些研究成果对于阐明异丙甲草胺对玉米的毒性作用机理以及指导相关防护措施的制定具有重要意义。

又如，十字花科蔬菜中硫代葡萄糖苷的种类和含量与植物的自我保护机制密切相关，与蔬菜的风味及营养价值也密不可分。杀虫剂和除草剂等环境污染物可诱导小白菜叶片几种硫代葡萄糖苷合成相关基因的表达，且其表达水平与硫代葡萄糖苷的种类和含量一致。这些研究表明，在植物生态毒理学领域基因表达的研究受到广泛关注。

二　环境污染物对酶和蛋白质的损伤与诱导效应

（一）环境污染物对酶和蛋白质的损伤效应

酶作为一种蛋白质，其化学本质即为蛋白质，且在生物化学反应中具有催化作用。因此，环境污染物对酶和蛋白质的损伤作用往往具有相同或相似的机制。组织细胞内的生物化学反应构成了生命活动和新陈代谢的基础，这些反应能在常温下快速进行，得益于各种生物酶的催化作用，因此它们通常是酶促反应。如果酶的活性受到破坏，新陈代谢就有可能发生紊乱，从而影响细胞和组织的正常功能。环境污染物进入生物体以后可对酶的结构或活性发生直接或间接的作用，产生各种不同类型的酶效应。通过分析环境污染物对生物体酶活性的影响，可以评估化学物质的暴露水平及其对生物体造成的伤害特征和严重程度。因此，环境污染物引起的一些酶效应可以作为一种生物标志物，在生态保护中起预警作用。除此之外，由于非酶性蛋白质也具有重要的生物功能，所以环境污染物对非酶性蛋白质的损伤作用也常常对生物体引起毒害效应。

1. *酶抑制效应*

某些环境污染物进入生物体后可对多种酶直接或间接产生毒性作用，使酶活性降低，从而影响正常新陈代谢的进行。

（1）酶的活性与巯基

还原型巯基（—SH）是蛋白质和酶分子中的亲核基团，而许多重要的细胞酶分子中的巯基往往是酶的活性中心。体内含量丰富的谷胱甘肽（GSH）分子中含有巯基，所以 GSH 是内源性的亲核化学物质。

例如，2,4-二氯苯酚（2,4-DCP）作为一种亲电环境污染物，能够与细胞内的 GSH 发生共价结合反应，通过这种机制，2,4-DCP 的毒性得以降低或消除。这一反应既可以在谷胱甘肽硫转移酶的催化下进行，也可以自发进行。当细胞内 GSH 耗竭时，可导致亲电子毒物与蛋白质或酶的巯基结合，使蛋白质或酶的巯基氧化形成二硫键，引起蛋白质损伤或酶的活性丧失。

环境污染物在体内代谢过程中形成的自由基也可以夺取酶分子结构中巯基（—SH）的氢原子，使巯基去氢而形成巯基自由基（R—S），进一步氧化形成次磺酸（R—SOH）和二硫化物（R—S—S—R）。酶分子结构中的巯基去氢后可引起该酶失活或酶活性下降，从而引起一系列分子毒理学效应。

此外，有毒金属（如铅、汞、镉、砷等）可与酶蛋白质的巯基结合，使酶的活力损失而产生毒性效应。

(2) 环境污染物对常见酶的抑制效应

某些环境污染物对ATP酶（ATPase）、乙酰胆碱酯酶（AChE）及δ-氨基酮戊酸脱氢酶（δ-ALAD）等多种常见酶的活性具有抑制效应。

ATP酶：ATP酶又称为三磷酸腺苷酶，是一类能将三磷酸腺苷（ATP）催化水解为二磷酸腺苷（ADP）和磷酸根离子的酶，这是一个释放能量的反应。ATP酶是生物体内极为重要的酶，存在于生物的所有细胞中，与细胞的能量代谢和离子平衡密切相关。多种环境污染物能够抑制ATP酶的活性，进而降低其催化效率，引发细胞代谢紊乱，严重时甚至导致细胞死亡。例如，铜对鱼鳃Na/K^+-ATP酶有抑制作用，从而导致鱼鳃泌氯细胞死亡。此外，有机氯农药、重金属、增塑剂、炼油废水等污染物对ATP酶均有抑制作用且有明确的剂量-效应关系，可以作为一种非特异性生物标志物。

乙酰胆碱酯酶：有机磷农药、氨基甲酸酯类农药和有机氯农药等环境污染物对乙酰胆碱酯酶有抑制作用。因此，乙酰胆碱酯酶可作为这些污染物的生物标志物。

δ-氨基酮戊酸脱氢酶：血红素（又称亚铁原卟啉）为血红蛋白、肌红蛋白、细胞色素、过氧化物酶等的辅基，是血红蛋白分子的主要稳定结构。血红素主要在骨髓的幼红细胞和网织红细胞中合成。重金属铅进入动物体内后，主要储存在骨骼中，并对骨髓中的幼红细胞和网织红细胞产生影响。铅能够抑制血红素合成过程中的关键酶δ-氨基酮戊酸脱氢酶（δ-ALAD）的活性，导致酶活性降低，进而引起血红素合成障碍，最终可能导致贫血。这一过程与血铅水平密切相关，血铅水平越高，对δ-ALAD酶活力的抑制作用越明显。因此，测定哺乳动物血液中δ-ALAD酶活性的降低情况，可以估算铅暴露水平和动物受害程度。

2. 对蛋白质结构与功能的损伤效应

环境污染物可通过共价结合、氧化损伤等作用而引起蛋白质结构和功能的损伤，主要表现为：①与蛋白质的共价结合。许多环境污染物可与蛋白质分子发生共价结合而显示毒性作用。溴苯的代谢产物溴苯环氧化物可与肝细胞蛋白质共价结合而引起肝细胞坏死。②形成抗原。一些环境污染物或其代谢物是半抗原，当与蛋白质共价结合以后，就变成了一个全抗原，从而可以激发免疫系统产生过敏反应，引起免疫功能的损伤。③蛋白质氧化损伤。蛋白质的氨基酸侧链（一般为易受自由基攻击的带有 NH 或 NH_2 的氨基酸残基）及肽键可被 ROS 攻击而发生氧化、生成羰基。自由基（例如羟基自由基）会从蛋白质氨基酸残基的亚甲基（$-CH_2-$）中夺取氢原子，从而形成羰基化合物，进而引发蛋白质的氧化损伤，所形成的羰基可以与其他核酸或蛋白质分子中的氨基发生反应，从而导致 DNA-蛋白质、蛋白质-蛋白质交联等分子损伤。因此，蛋白质来源的羰基化合物可以作为蛋白质氧化损伤的生物标志物。

（二）环境污染物对酶和蛋白质的诱导效应

1. 环境污染物对酶的诱导效应

一些环境污染物进入生物体以后，可以诱导某些生物转化酶的数量增加或活性增强，从而加速对该化学物质或其他化学物质的代谢转化速率，这种现象被称为环境污染物对酶的诱导效应。对于酶诱导效应的研究不仅有益于对环境污染物毒性作用机理的探讨，而且对于暴露生物标志物和效应生物标志物的探讨也具有重要价值。

（1）细胞色素 P450

细胞色素 P450 是细胞微粒体混合功能氧化酶系（MFOS）中的主要成员，又称细胞色素 P450 单加氧酶系，该酶与多种有机污染物在体内的生物转化有关，可催化有机物发生氧化反应。细胞色素 P450 基因在各种生物体中总共有 1000 余种，其中在生理上已经发现有功能意义的约有 50 种，细胞色素 P450 家族和亚家族的划分基于氨基酸序列的同一性，如 CYP1、CYP2、CYP3 家族及其亚家族成员，它们在药物代谢中发挥着重要作用。因此，细胞色素 P450 单加氧酶系是一个超级酶家族，具有复杂的多态性。

对细胞色素 P450 单加氧酶系不同成员与特定有机化学物转化的关系，科学家已做了大量的研究。有些有机污染物对这类酶有明显诱导作用。例如，这个酶家族的主要成员之一——细胞色素 P4501A1 对多种有机污染物的氧化反应有催化作用，如多环芳烃（PAHs）、PCBs 及硝基芳香化合物等。同时，这些有机污染物又对啮齿类动物和鱼类的肝细胞色素 P4501A1 有诱导作用。通过测定细胞色素 P4501A1 酶活性的诱导情况，可以有效监测环境中的有机污染物水平，如苯并芘，并评估其对生物体的潜在伤害。因此，细胞色素 P4501A1 可作为这些有机物污染的生物标志物。

环境有机污染物对细胞色素 P450 酶活性诱导方面的研究已发展到可在基因表达和蛋白质表达水平上进行评价。目前已有几种细胞色素 P450 被用作生物标志物。例如，用 7-乙氧基试卤灵正脱乙基酶（EROD）活性、细胞色素 P4501A1 的

mRNA 和蛋白质表达来监测鱼类（如鲇鱼、大嘴鲈鱼等）对 PCBs 和 PAHs 暴露的毒理学反应。此外，7-乙氧基香豆素-*O*-脱乙基酶（ECOD）、黄曲霉毒素 B_{12}、3-环氧酶、睾酮羟化酶（TH）等也被作为生物标志物进行研究和应用。

环境污染物对细胞色素 P450 酶系统的诱导作用可能具有一定的广泛性。例如，农药阿特拉津（ATR）能够显著诱导斑马鱼肝微粒体中细胞色素 P450 酶系的活性，包括细胞色素 P450 含量的增加和 NADPH-P450 还原酶活性的显著提高。此外，鹌鹑肝微粒体中也观察到了细胞色素 P450 含量的增加以及多种细胞色素 P450 亚型（同工酶）mRNA 表达的上调。这些发现与先前的研究一致，例如在斑马鱼中观察到的阿特拉津对 P450 酶系的显著诱导作用。

近年来，利用不同化学物对动、植物细胞色素 P450 酶诱导效应的研究逐年增多。随着研究的深入，将会有更多的细胞色素 P450 同工酶被探讨用作生物标志物的可能性，这也将使对环境污染物的暴露水平和毒性作用特点的认识与评价更加精准。

（2）Ⅱ相反应酶

众多环境有机污染物在人体内历经Ⅰ相反应阶段后，会在Ⅱ相反应酶（亦称Ⅱ相代谢酶）的催化作用下发生结合反应，这一过程显著增强污染物分子的极性和水溶性，进而便于其从体内排出。部分Ⅱ相酶能够响应有机污染物的诱导而活性提升，因此被视作生物标志物。例如，尾鱼暴露于 PCBs 后，体内尿苷二磷酸葡萄糖醛酸转移酶（UDP-GT）活性增高。这种酶可以被用作 PCBs 的环境水平或中尾鱼损伤程度的生物标志物。由于结合反应（Ⅱ相反应）是很多环境污染物在体内代谢转化的必经环节，所以环境污染物或其中间代谢产物与Ⅱ相反应酶的相互作用及其毒理学反应具有重要的研究价值。

2. 环境污染物对蛋白质合成的诱导

一般来说，环境污染物在高浓度下对生物大分子——DNA、RNA、蛋白质的生物合成有抑制作用。例如，砷无机化合物可抑制 DNA、RNA、蛋白质的生物合成，但在极低浓度下有诱导这些大分子生物合成的作用。值得注意的是，有些环境污染物可诱导一些特殊蛋白质的合成，如金属硫蛋白（MT）和热休克蛋白（HSPs）等的合成。

（1）金属硫蛋白

MT 作为一种富含半胱氨酸的蛋白质，分子量通常较小，广泛存在于绝大多数动、植物体内，发挥着重要的功能性作用。MT 的生理功能在于清除自由基和结合重金属离子，它能够通过分子中的半胱氨酸残基与过量金属键联，调节体内游离的重金属（如 Cu、Zn 等）浓度不致过高，以免发生重金属中毒性危害。同理，MT 也可与进入体内的外源重金属（如 Hg、Cd 等）结合使其在生物体内的游离浓度降低，起到解毒作用。同时，进入体内的 Cd、Cu、Zn、Ni、Co 等重金属能激活 MT 基因的转录，诱导 MT 合成增加。因此，MT 合成也可作为金属暴露的生物标志物。

多种鱼类体内的 MT 合成能够受到 Cd、Cu、Zn 等金属的诱导，这一过程主要通过促进 MT 的 mRNA 转录来实现。鱼体内 MT 的浓度与重金属在水环境或在鱼体组织内的浓度相关。无脊椎动物体内的 MT 合成同样可以受到 Cd、Cu、Hg、Zn 等金属化合物的诱导，不过，与动植物相比，无脊椎动物的 MT 分子量较大，且半胱氨酸含量较少，甘氨酸含量较多，部分还含有芳香族氨基酸。

金属硫蛋白（MT）作为一种低分子量、富含半胱氨酸的蛋白质，因其独特的结构与功能，已被广泛研究并用作重金属污染的生物标志物。彩虹鳟鱼幼鱼肝脏中的 MT 以及淡水贻贝的 MT，均被视为检测金属污染的有效生物标志物。

植物抗重金属污染的能力与其体内 MT 含量和功能密切相关。具有高 MT 含量和强大结合重金属功能的植物，可被选用为实施环境污染植物修复的理想种类。有报道将从十字花科芸薹属印度芥菜分离的 MT 获得的 cDNA 克隆基因，通过分子生物学技术转移到拟南芥中表达以后，可以明显提高后者对重金属的拮抗能力；如果把该 MT 的 cDNA 克隆基因转移入原核细胞（大肠杆菌）进行表达，大肠杆菌对重金属的抵抗能力也显著增加。这些研究表明，对 MT 的深入研究不仅对阐明植物抗逆机制，特别是对阐明植物忍耐重金属毒性作用的机制有意义，而且对选择和培养具有环境修复作用（特别是对土壤重金属污染的修复）的植物种类也有一定的价值。

（2）热休克蛋白

热休克蛋白又称应激蛋白（HSPs）。从细菌、植物、动物直到人类，所有生物细胞在受到热源、病原体、物理化学因素（如重金属、有机污染物、紫外线）等应激源刺激后，发生应激反应并诱导 HSPs 合成。HSPs 有多种生物学作用，对细胞有保护作用，能够增强细胞的应激响应，尤其是耐热性，并调节 Na^+-K^+-ATP 酶的活性，有些 HSPs 可促进糖原生成，使糖原储量增多，提高机体的适应能力等。

热休克蛋白家族有多种热休克蛋白，根据热休克蛋白分子量的不同，通常分为 HSP90 家族、HSP70 家族、HSP60 家族和小分子量 HSP 家族。其中，HSP70 家族的成员最多，在大多数生物中是含量最多的热休克蛋白，在细胞遭遇应激后，其生成量通常最多，是应对环境污染物时应激反应最为显著的一类蛋白。

环境污染物可显著诱导 HSP60、HSP70 及 HSP90 的合成增加，这些热休克蛋白的体内水平变化可作为环境污染状况和生物体受损伤程度的定量指标。例如，采用免疫组织化学和荧光定量 PCR 分析方法对水生生物，特别是对斑马鱼的研究表明，一些环境污染物可诱导生物体内多种组织和器官的 HSP60、HSP70 及 HSP90 合成显著增加。这些应激蛋白可作为水环境生态安全早期预警的生物标志物。

第二节 细胞与个体水平的生态毒理学效应

一 细胞水平的生态毒理学效应

细胞是生物体结构和功能的基本单位。植物细胞和动物细胞不同，它们的主要区别在于：植物细胞的细胞膜外围具有细胞壁，细胞质内具有叶绿体和液泡，而动物细胞没有细胞壁、叶绿体和液泡。在同一生物体内，不同种类的细胞因形态结构和功能的差异，对环境污染物的敏感性也各不相同。

当环境污染物作用于生物体时，先在分子水平产生一系列生物化学毒性作用，若分子毒性作用严重且未能及时修复，将导致细胞和组织的形态与功能发生显著变化，包括细胞肥大、增生、化生以及组织萎缩乃至坏死等现象。轻微的细胞和组织损伤是可逆的、可以恢复的，而严重的损伤是不可逆的，将导致细胞、组织甚至器官受到损伤，甚至坏死。

环境污染物在细胞水平的生态毒理学效应可以分为一般效应和特殊效应，一般效应包括细胞变性、细胞坏死及细胞凋亡等，而特殊效应主要包括细胞突变和癌变。

（一）细胞变性

细胞变性是指细胞或细胞间质的一系列形态和功能的变化，表现为细胞内出现异常物质或正常物质的量显著增多或减少。通常情况下，细胞的变性具有可逆性，一旦污染源得以清除，变性细胞的结构与功能有望复原。但严重的变性则往往不能恢复而发展为坏死。

细胞变性可分为两类：一类是细胞含水量异常增多即细胞水肿，另一类是细胞内物质的变性与异常堆积。在不同的环境条件下，不同的环境污染物可以导致多种不同物质在细胞内和细胞间质中变性与异常堆积，主要有脂肪堆积、玻璃样变性、纤维素样变性、黏液性变性、淀粉样变性、病理性色素沉着和病理性钙化。鲫鱼铜中毒后，其肝细胞呈颗粒样变性、玻璃样变性、胞浆融合、细胞间界限模糊甚至细胞坏死。

（二）细胞坏死

生物体内局部组织或细胞代谢停止，功能丧失，并出现一系列不可逆性形态学改变的状态称为坏死。细胞核的改变是细胞坏死的主要形态学标志，通常表现为核固缩、核碎裂和核溶解。形态学上可将坏死分为局灶性坏死、凝固性坏死、液化性坏死及固缩性坏死等类。生物体处理坏死组织的基本方式是溶解吸收和分离排出。坏死组织如不能完全溶解吸收或分离排出，则由肉芽组织取代坏死组织或由周围新生结缔组织包裹坏死组织使其钙化。

大多数情况下，坏死是组织、细胞变性逐渐累积的结果，表现为渐进性坏死的过程。在这一阶段，若坏死尚未启动，一旦病因得以消除，受损的组织和细胞仍有可能恢复其功能。但一旦组织、细胞的损伤严重，代谢紊乱，出现一系列坏死的形态学改变时，则损伤不能再恢复。

（三）细胞凋亡

细胞凋亡是细胞自主发生的有序的死亡。它是多细胞生物在维持内环境稳定和多个系统的发育中，去除不需要或异常细胞的重要途径。它是细胞的主动过程，与一系列基因调控、信号转导等有关。环境污染物，如重金属、农药和放射线等，可以直接进入细胞内并与细胞内的重要分子或结构发生相互作用，导致细胞凋亡。例如，一些环境毒素能够激活细胞凋亡通路，如多氯联苯（PCBs）激活线粒体凋亡通路，导致细胞释放细胞色素 c 和凋亡因子 1（Apaf-1），进而激活 caspase-9 和 caspase-3，最终导致细胞死亡。同时，环境毒素也可能抑制细胞凋亡通路，如二噁英抑制 caspase-8 的活性，阻止细胞死亡。

细胞凋亡与细胞坏死不同：坏死是细胞受到强烈理化或生物因素作用而引起的细胞无序变化的死亡过程，表现为细胞肿胀、细胞膜破裂、细胞内容物外溢、DNA 降解不充分，且往往引起局部炎症反应；而细胞凋亡是细胞响应生理性或病理性信号、环境条件变化或温和性损伤而启动的一个有序死亡程序。由此可知，环境污染物的高浓度、强毒性作用往往引起细胞坏死，而低浓度、弱毒性作用一般可引起细胞凋亡。

细胞凋亡的形态学变化是多阶段的：首先是细胞缩小，与周围细胞脱离；继之，细胞质密度增加，线粒体膜电位丧失，细胞核浓缩，DNA 被降解成 180～200bp 的片段，同时细胞膜结构保持完整，最终将凋亡细胞遗骸分割包装为一些凋亡小体并很快被吞噬细胞吞噬，细胞内容物未外溢，故不引起周围发生炎症反应。

二 个体水平的生态毒理学效应

环境污染物导致生物个体直接死亡的最低浓度或剂量，被定义为该化学物质的致死浓度或致死剂量。不同环境污染物对同一种生物的致死浓度不同，同一种环境污染物对不同种生物的致死浓度也不同。环境污染物在低于或小于致死浓度或剂量（也称亚致死浓度或剂量）时，所产生的生物效应称为亚致死效应。通常认为，亚致死效应是针对生殖、发育、生长及行为等重要生物学过程产生的一种个体水平上的生物效应，对生命和健康构成严重威胁。

（一）生殖毒性

生殖毒性是指环境污染物对生殖过程的危害，包括环境污染物对生殖细胞发生、卵细胞受精、胚胎形成、妊娠、分娩和哺乳过程的毒性作用。生物繁殖受损，最终将导致种群数量锐减，极端情况下甚至可能引发物种灭绝。环境污染物的生殖毒性作用，作为生态毒理学领域的关键问题，无论是在野外还是实验室研究中，都一直是生态毒理学家研究亚致死效应时不可或缺的重要指标。

有些环境污染物对非哺乳类动物的生殖毒性作用可造成其繁殖障碍，一般表现为产卵数、孵化率和幼体存活率下降及繁殖行为异常等。在亚致死剂量的杀虫剂长期侵袭下，昆虫及其后代的生物学特性或将发生显著变异，昆虫的取食、交配、产卵行为、卵孵化率及幼虫生长发育等可能会受到不良影响，常见的表现有昆虫产卵量、卵孵化率、化蛹率、蛹重、羽化率以及后代存活率降低等。

环境污染物对鱼类的生殖也可产生不利影响，在被金属污染的加拿大某湖中生活的白亚口鱼与附近未污染湖中的该种鱼相比，所产的卵体积较小，鱼苗的存活率也降低。诸如全氟辛烷磺酸盐（PFOS）等持久性有机污染物暴露，会导致斑马鱼卵受精率与孵化率双双下滑，幼鱼死亡率则相应攀升。炼油厂的废水污染可降低紫海胆卵的受精率。环境污染物影响鸟类繁殖的最典型的效应就是鸟类产的蛋壳变薄，使得鸟蛋易破、易碎，导致鸟类繁殖能力受损。有机磷杀虫剂可引起家燕的精子数量减少。

环境内分泌干扰物壬基酚（NP）对鳞翅目昆虫性激素作用干扰的研究显示，当刚孵化的家蚕幼虫暴露于一定浓度的 NP 后，会导致雄蛾的睾丸生长明显受阻，精子数量大幅下降；同时，雌蛾的造卵数和产出卵数亦有所减少，且受精率显著降低。

（二）发育毒性

很多环境污染物可引起非哺乳类野生动物的幼体发育障碍，导致幼体死亡、解剖学上的结构畸形、功能缺乏或生长减慢。就鱼类来说，常见的是骨骼系统、肌肉系统、循环系统、视觉系统发育不良及生长延迟现象；如重金属离子可导致鱼类胚胎发育受阻、孵化率下降、延长孵化过程、发育畸形等。在镉污染的海洋里生活的鲻鱼对镉的大量富集可导致脊柱畸形发生。圆腹雅罗鱼幼体暴露于镉、铜污染的水体可导致畸形发生和新孵化幼体死亡。铜可引起金鱼畸形发生，且随铜离子浓度的增加而加剧。某些重金属可引起蟹的鳃、肌肉、肝胰腺组织结构畸形发生，且随重金属浓度的升高，畸形率增加。就鸟类来说，受硒污染的长期暴露可引起各种各样的眼、翼、喙、心和脑畸形的幼体，受汞、硒、2,2-双(4-氯基苯)-1,1-二氯乙烯（DDE）和双对氯苯基三氯乙烷（DDT）污染的长期暴露可引起鸟卵的孵化率降低、生长发育缓慢。有研究报道，水环境污染可以引起蛙类蝌蚪发生畸变。

对于哺乳动物来说，发育毒性指环境污染物对母体宫内的胚胎或胎儿产生的毒性作用，即胚胎毒性。环境污染物对受孕母体产生的损害作用称为母体毒性。胚胎毒性作用与母体毒性作用均紧密关联于受孕母体，且这两种作用常常相伴而生。但有的环境污染物仅有胚胎毒性作用，而无母体毒性作用；或者，仅有母体毒性作用，而无胚胎毒性作用。

环境污染物对哺乳类动物的发育毒性主要体现于：胚胎死亡、生长迟滞、功能发育缺陷，以及胚胎和胎儿在外观、内脏和骨骼上的形态结构异常，即畸形。

诱发胎儿畸变的因素很多，其中主要是环境化学因素。致畸作用与环境污染物的种类和剂量，与机体接触的时间（敏感期）以及母体易感性差异有关。环境污染物诱发胎儿畸形的机理主要有胚胎某些细胞发生基因突变和染色体畸变、细胞分化异常、某些酶被抑制、营养缺乏、细胞膜损伤、母体及胎盘的正常功能受到干扰等。

（三）生长减慢

环境污染物引起动、植物生长减慢的效应是一个很常见的现象。对于动物而言，环境污染物可导致摄食率降低和新陈代谢紊乱，进而引发生长和发育方面的障碍。当生物体从食物中摄取的能量超出其维持正常生理代谢所需时，这些多余的能量将被用于促进生物体的生长发育和繁衍后代；相反，若生物体长期遭受饥饿和能量匮乏的困扰，其生长发育速度将减缓，严重时甚至停滞，最终可能导致早衰乃至死亡。例如，生活在酸性水域下的多数鱼种或绿树蛙蝌蚪，及生活在含氨高的水体中的大嘴鲈鱼，均由于摄食速率降低而生长减慢。但也有一些情况较为复杂，例如，生活在重金属污染的某些湖中的白亚口鱼其生长速率反而比附近未污染湖中的同类加快，但寿命却减短了。

部分环境污染物虽不直接影响生物体的摄食率和生理代谢，但在生物体对其进行生物转化和代谢解毒的过程中，会大量消耗机体的物质和能量，进而阻碍生物体的正常生长发育。例如，水跳虫接触高浓度的重金属后肠细胞不断脱落，虽然摄食率并未下降，但由于肠细胞脱落而造成对体内营养物质和能量过度消耗，结果导致生长率降低，甚至死亡。一般来说，不同动物种类对同一类环境污染物的敏感性不同，环境污染物剂量不同，对生长的效应也不同。例如，向饲料中添加适量的微量元素一般可使动物生长加快、体重增加，而添加过量的微量元素可使动物生长减慢、体重下降。

环境污染物对植物和微生物的生长具有明显影响。镉、汞、砷、铅等多种重金属对土壤的污染程度，与水稻的株高及生物量呈现出显著的负相关性。同时，在多种金属轻度胁迫下，水稻能够通过抗氧化系统的保护功能而减少植株受到损害，但当污染严重而影响水稻生长时，则将导致水稻植株死亡。一定浓度的镉对莴苣的生长和营养元素的吸收有抑制作用。一定浓度的锌或锰对微拟球藻生长显示抑制作用，使藻细胞密度显著降低。一定浓度的铜对嗜酸性氧化亚铁硫杆菌的生长繁殖也有抑制作用，随着铜浓度的增加可导致该细菌停止生长。汞、铅、镉、砷在一定浓度下均可对发光细菌的生长产生抑制作用。

（四）行为异常

行为毒理学是研究各种物理、化学及生物因素暴露而导致动物产生异常行为的科学。环境污染物对动物行为的影响主要表现在回避行为、捕食行为、学习行为、警惕行为及社会行为等的异常改变。动物行为异常可作为环境污染物毒性作用的敏感标志，通过电子仪器对生物行为的持续监测，能实时反映环境污染物的污染程度。例如，可以将鱼类的换气运动和其他的行为异常（如回避行为），包括肌肉活动产生的电信号异常等通过电子仪器捕获、放大，并传递到计算机系统，从而对环境进行实时监测。利用电磁诱导器和传感器技术，监测贻贝贝壳的开闭程度和频率变化，能够反映环境污染物的动态。对于水蚤的运动速率、运动轨迹、在水中活动的深度变化等数据，可以通过摄像、计算机软件，进行观察和计算，求得环境的毒性指数，如果显著偏离正常值，则提示对环境污染问题要提高警惕。通过对动物行为异常数据的采集和分析，进行环境生物生态监测，是生态毒理学研究的重要方面。

（五）生态死亡

在生态系统中，每个生物个体必须与其他物种竞争，如捕食、躲避被捕食、寻找配偶等。这些生物活动过程中，某些看似不致命的损伤，却可能最终导致生物体的死亡。一个动物个体在接触亚致死剂量的污染物时也许能够存活，但如果其逃避捕食者或自身取食的能力因此而下降的话，其在自然环境的物种竞争中就可能死亡，这种死亡被称为生态死亡。例如，某种昆虫当受到亚致死性损伤之后，一般是有可能恢复的；但恢复是一个耗能过程，如果恢复所需的能量过多，昆虫的恢复速度就会减慢，进而可能延缓其生长发育进程。然而，昆虫生长发育速度的减慢，会导致其遭受天敌攻击的风险增加，寻找食物的压力增大，甚至可能错过最佳的寄主物候期，从而使得种群增长变得更加困难。例如，在实验室条件下接触过亚致死剂量杀虫剂恶虫威的地甲虫，一般几天内就能恢复，但在田间条件下受损伤的地甲虫特别易受蚂蚁的攻击而进一步使损伤加重，甚至死亡。反之，若昆虫受亚致死性损伤之后，能够迅速恢复，生态死亡就不会发生，其种群增长就不会受到严重影响。

第三节　种群与生物圈的生态毒理学效应

工业发展极大便利了人类生活，然而，伴随而来的大量工业废弃物持续排放至环境之中，已引发严峻的环境污染问题，致使众多野生生物种类大量死亡，生态平衡遭受重创。部分生物种类正面临灭绝的威胁，生物多样性因此遭受了前所未有的重创。在种群与生物圈水平上，学习和研究生态毒理学效应对于地球生物圈免受环境污染物的损害作用及其健康发展有重要意义。

一　种群水平的生态毒理学效应

种群是由许多同种生物个体组成的，是分布在同一生态环境中能够自由交配、繁殖的同种个体的集合，但又不是同种生物个体的简单相加，因为种群具有个体所没有的特征，如种群密度、年龄组成、性别比例、出生率和死亡率等。在自然界，种群是物种存在、物种进化和表达种内关系的基本单位，是生物群落或生态系统的基本组成部分。同一种内的所有个体并非完全同质，即存在个体差异。

（一）环境污染物对种群密度的影响及差异

种群密度是种群的核心特征，是指单位空间内种群中个体数量的多少，它是种群数量的直接反映。种群密度是一个动态指标，其变化直接映射出种群数量的波动情况。环境污染物通过影响出生率、死亡率、年龄组成和性别比例，直接或间接地影响种群密度。

1. 环境污染物的影响

（1）环境污染物对出生率与死亡率的影响

种群的出生率和死亡率是决定种群密度和种群大小的关键因素。当出生率大于死亡率时，种群密度会增加；反之，当出生率小于死亡率时，种群密度会下降。环境污染物对种群大小和种群密度的影响大多是通过影响出生率和死亡率来实现的。

（2）环境污染物对种群年龄组成的影响

种群年龄组成，即种群中各年龄阶段个体数量的构成比例。种群中的个体在年龄上有一定的层次关系，一般以是否具备繁殖能力为标准分为三个年龄段：幼年个体、成年个体、老年个体。种群的年龄组成类型是按照三种年龄段的个体所占的比例来划分的。

一般根据年龄组成可将种群分为三种类型：增长型、稳定型和衰退型。①增长型种群中，老年个体较少，死亡率小，幼年个体多，说明出生率大，并且存在强大的潜在繁殖能力，其种群的未来发展趋势是种群密度增加、种群扩大；②衰退型种群的情况正好相反，种群总的发展趋势是密度减小，种群衰退；③稳定型种群中，各个年龄段的个体比例适中，表明出生率与死亡率大致相当，在较长的一段时间内种群密度不会发生较大变化。大量研究表明，鱼类的早期生命阶段（卵—幼鱼）比成鱼对污染物更敏感，长期污染使得鱼种群的年轻个体减少，老年个体比例增大，死亡率大于出生率，种群结构趋于老化，逐渐变为衰退型种群。另外，环境污染物质还会扰乱捕食者与被捕食者之间的关系，进而对种群的年龄构成及种群规模产生深远影响。

（3）环境污染物对种群性别比例的影响

种群性别比例是指种群中雌、雄个体数目的比例。环境污染，尤其是环境内分泌干扰物（又称环境激素）的污染，对暴露生物的性器官发育和生殖功能均可能产生影响，使种群的性别比例失调，导致出生率下降、种群密度降低。例如，在农业生产上常利用性引诱剂诱杀害虫的雄性个体，破坏害虫种群正常的性别比例，导致大量雌性个体无法完成交配，从而使得害虫种群密度显著下降，实现了高效的杀虫效果。在环境污染物中许多持久性难降解有机污染物属于环境内分泌干扰物，如六六六、DDT、多氯联苯等，对一些野生动物的性器官发育有影响，严重时，可导致种群性别比例严重失衡。

2. 不同物种对环境污染物反应的差异

一般来讲，环境污染物可导致生物个体数量减少、种群密度下降，但在特殊情况下，有的污染物也能导致某些生物个体数量增加和种群密度上升。例如，有机耗氧污染物及氮、磷元素的排入，导致贫营养湖泊发生富营养化现象，进而使得湖中的河蚬与环棱螺种群密度及生物量伴随水体富营养化程度的加深而逐步减少。环棱螺的生物量与总氮、硝态氮、总磷及溶解性磷的浓度呈现出显著的负相关关系，相比之下，河蚬的生物量则仅与溶解性磷浓度存在负相关。然而，湖泊富营养化亦对某些种群构成了有利的生长环境，促使它们的种群密度攀升，尤其是某些藻类，其种群密度显著增长，甚至可能引发种群暴发，诸如蓝藻的疯长，进而导致“水华”等生态问题。又如，在农业生产中，农药的滥用造成害虫的天敌减少，往往引起害虫大暴发。杀虫剂把主要害虫抑制后，有时会引起次要害虫暴发而变为主要害虫。

（二）环境污染物对种群遗传特征的影响

环境污染物除了可通过引起生物个体的死亡来影响种群外，还可通过物种的进化，改变物种的遗传特征，引起种群变化。

1. 工业黑化现象

工业生产中，煤灰等污染物导致周围环境变黑，促使当地栖息的动物体色逐渐进化为深色，这便是所谓的工业黑化现象。已有超过 100 个物种经历了或正在经历工业黑化现象，其中昆虫占据多数，特别是鳞翅目昆虫，尤其是那些夜间活动、白天休息的蛾类，工业黑化现象在它们身上尤为显著。工业黑化现象证明，环境污染所引起的捕食关系的改变，加上自然选择的作用，也可以导致种群遗传发生迅速改变，使物种的进化达到惊人的速度。

2. 抗性和耐受性

动物的抗性进化已是生态毒理学上一个普遍的现象。人们研究和使用了各种不同的杀虫剂，对于害虫的防治起到了积极作用。然而，一方面杀虫剂可以使某些害虫的基因发生突变而产生抗性基因；另一方面自然选择又使那些对杀虫剂有耐受性的害虫得以生存，且使它们的耐受性逐渐提高。这些机制同样导致了一些非目标生物，在接触杀虫剂后，逐渐发展出了抗性或耐受性。

3. 交叉耐受性

环境污染物还可引起暴露生物产生交叉耐受性。交叉耐受性指的是生物体在对某一毒物产生耐受性的同时，也会展现出对另一种毒物的耐受能力。例如，植物长期接触一种均三嗪除草剂，产生了一种适应机制，即能与此种除草剂结合的蛋白质合成数量增加，从而使这种除草剂对该植物的毒性下降，而且使这种植物对其他均三嗪类除草剂的耐受性也增加，出现交叉耐受性。长期接触镉的动物，其体内可与金属结合而使镉毒性减小的金属硫蛋白合成速率增加，这不仅提高了动物对镉的耐受性，而且也提高了该动物对铜、铅等金属的耐受性。由此可见，交叉耐受性的产生一般与具有共同的耐性机制或共同的解毒机制有关。

二 生物圈水平的生态毒理学效应

一些环境污染物能借由强大的气流和洋流被转运至全球各地（例如大气中的苯并芘和海洋生物中的多氯联苯），而另一些环境污染物则持续不断地产生于全球各地的经济和生活活动中，如化石燃料燃烧释放的 SO_2、CO_2，导致它们在大气中的浓度持续攀升。这些全球性环境污染物对整个生物圈产生着严重的生态毒理学效应，成为当代人类面临的最为严峻的问题之一。因此，生态毒理学不仅要研究局部区域的环境污染物对野外生物及其生态系统的危害及其规律，而且需要从更大的尺度，包括全球水平，去探讨人类活动产生的多种污染物综合作用所导致的全球性环境恶化，及其对地球生物造成的危害或威胁。

（一）持久性有机污染物的全球生态毒理学效应

持久性有机污染物（POPs）是指环境污染物中很难降解的、可在环境中持久存留的、对生态环境和人体健康具有严重危害的有机污染物，又称难降解化学污染物。POPs 在全球的广泛分布及其在地球生态循环中的高度富集，导致严重的生态毒理学效应。这些持久性有机污染物对人类健康和生态环境具有严重危害，包括抑制免疫系统功能、内分泌干扰、生殖和发育问题，以及潜在的致癌性。

POPs 因其高毒性、环境持久性、生物累积性和远距离迁移能力，被强制性限制生产和使用。POPs 根据其来源和用途可以分为三类：第一类是有机杀虫剂，包括艾氏剂、狄氏剂、异狄氏剂、氯丹、七氯、灭蚁灵、毒杀酚和 DDT；第二类是有机氯代芳烃类化学品，包括六氯苯和多氯联苯（PCBs）；第三类是化学品的副产物，主要是二噁英和呋喃，这些副产物通常在工业过程和固体废物燃烧中产生，也可能在森林火灾和有机垃圾燃烧过程中形成。

1. 持久性有机污染物的生态毒理学效应

POPs 进入环境后，同样会发生物理、化学和生物反应，但其独特性质使其区别于一般有机污染物。POPs 具有下列四个重要的特性。

（1）持久性

在自然条件下，POPs 不但很难化学分解，而且也很难在生物代谢和微生物降解等方式下分解。因此，一旦释放到环境中，POPs就可以在环境介质中存留数年甚至数十年或更长的时间。例如，早在20世纪70年代有机氯农药和PCBs就已经在各国禁止使用，然而半个世纪以来，通过对鱼类或其他动物的脂肪组织进行检测，发现尽管这些物质的含量在持续减少，但它们至今仍可见于环境中。

(2) 半挥发性

基于全球蒸馏效应和蚱蜢跳效应，POPs能在自然温度下从水体和土壤中挥发进入大气环境，并吸附在大气细颗粒物上。在大气运动的带动下，POPs可经历远距离迁移。然而，大气稀释、物理去除过程、化学反应以及生物降解等因素会影响POPs的全球迁移过程，导致它们在迁移过程中可能不以原毒物形式重返地面。也正是POPs的半挥发性和高持久性，使其几乎遍布世界各个角落。在全球范围内，包括大陆、沙漠、海洋和南北极地区都可检测出POPs的存在。

(3) 生物富集性

POPs由于脂水分配系数大，难溶于水，亲脂性高，能够在生物机体的脂肪中积累，故其富集系数（BCF）高，易从周围环境富集到生物体内，并通过食物链逐级放大，直到在高级捕食者机体中成千上万倍累积，甚至可达到中毒浓度，从而对高营养级生物引发生态毒理学效应。例如，被人类排入海洋中的POPs，可经浮游动植物吸收、富集而进入食物链，然后经过小鱼、大鱼、鲸类的逐级捕食，在此食物链中POPs可被逐级放大。全球海洋中的鲸类体脂已经富集了大量持久性有机污染物，其中多氯联苯的含量在某些鲸类中达到全球记录中的最高水平。在欧洲水域的条纹海豚、宽吻海豚和虎鲸体内，PCBs的富集程度已是有记录以来全球鲸鱼和海豚中最高的。这些污染物随着鲸类的迁徙被带到世界各地，成为POPs全球性污染的生物因素之一。

(4) 高毒性

绝大部分POPs对各种生物具有很高的毒性。POPs在生物体内积累到一定浓度就会对生物体自身引起多种毒性作用，如可引起内分泌系统、免疫系统、神经系统和生殖系统异常。某些POPs具有极高的毒性，即使是极低的剂量，也足以导致上千人中毒和数百人死亡。

有些POPs也是环境内分泌干扰物（EEDs），可通过干扰生物或人体内分泌激素的合成、释放和转运过程，以及干扰内分泌激素与受体结合、生理反应和代谢等过程，从而影响内分泌系统功能，对生物或人体的生殖、神经和免疫系统等的功能产生毒性作用。这类POPs种类繁多，其中较为常见的有DDT、DDE、六六六、多氯联苯、多溴联苯、二噁英，以及一些有机阻燃剂等。有些POPs也是环境诱变剂，可对生物或人体产生致突变、致癌、致畸作用，即“三致”作用。例如，DDE可诱发一些鸟类种群的喙发生畸变，而二噁英类化合物、某些多环芳烃类化合物、PCBs等均为能够引发基因突变、细胞突变乃至细胞癌变的强烈致突变物质或致癌物质。

2. 持久性有机污染物的控制

由于进入环境的POPs可以在环境中存留数年、数十年，甚至更长时间，因此，POPs对人类和其他生物的危害将延续数代乃至更久，对人类及整个生物圈的健康发展构成了重大威胁。因此，有效控制POPs在生态环境中的浓度是全人类共同努力的目标。为了达到这一目标，除了禁止或限制POPs的生产和使用从源头进行削减外，对于已经进入环境中的POPs更要加强治理。目前，对环境中POPs的治理方法主要有物理法、生物法、焚烧法、化学法等，这些方法和技术各有特点，均取得了一定的成效。

（二）全球气候变暖的生态效应

全球气候变暖，也称为全球变暖或气候变化，是指地球生物圈（尤其是大气和海洋）温度上升的现象。这一现象不仅导致了两极冰川融化、海平面上升和极端天气事件的增多，还对生物多样性、农业和粮食生产、水资源分布、人类健康等方面产生了深远的影响。由于人类活动导致的温室气体排放过多，特别是化石燃料的大量使用，以及自然因素如厄尔尼诺现象的推波助澜，全球变暖现象加剧。如今，全球气候变暖已经成为人类面临的最大的环境问题，由此引起的全球生态毒理学效应及其防护也是21世纪人类最为关心的重大问题。

1. 温室效应与温室气体

温室效应是大气保温效应的俗称，又称“花房效应”。太阳短波辐射可以透过大气射入地面，而地表受热后放出的长波辐射却被大气中的二氧化碳等物质所吸收，从而阻止地球热量的散失，导致产生地表与低层大气变暖的效应，这类似于栽培农作物的温室，故称为温室效应。

通常，将那些能够吸收地表发射的长波辐射，进而引发温室效应的气体，称之为温室气体。大气中的CO_2等温室气体和颗粒物能强烈吸收地面辐射出来的红外长波辐射，把能量截留于大气之中而不能正常地向外空间辐射，从而使地表面和大气的温度升高，引起温室效应。除了CO_2之外，CH_4、N_2O、SO_2、O_3、CO、二氯乙烷、四氯化碳以及氯氟烃（CFCs）等同样被视为温室气体。另外，大气中的颗粒物也有吸收长波辐射的作用。大气中的温室气体和颗粒物达到一定水平时均能引起温室效应，使低层大气气温增加。因此，在温室效应的防止对策中，应当对大气中所有温室气体和颗粒物的效应进行全面、综合考量。在这些温室气体中除 CFCs 是人工合成的化学物质外，其他均为工业、农业生产过程中排放的气体污染物。大气中 CO_2 浓度的异常上升，归因于化石燃料燃烧的逐年递增以及全球森林和草原破坏的日益严重。

2. 全球性气候变暖的生态毒理学效应

(1) 对全球生态环境的影响

气候变暖可导致极地、高山的冰雪融化，若南极冰盖全部融化，可引起全球海平面上升约 60m。全球气温上升的直接后果还可使海水热膨胀，也将导致海平面上升。海平面的上升将给人类造成巨大的灾难。海岸带集中了世界耕地的 1/3，是全球人口稠密、大都市云集、经济发达之地。为保障经济繁荣的海岸线和城市免受海平面上升的威胁，需要对航道、堤防、运河、河流等众多水利设施投入巨资进行改造升级。对于经济实力薄弱、技术落后的贫困国家而言，海平面上升带来的危害难以有效抵御，这将导致无数民众流离失所，被迫成为“生态难民”。另外，此外，全球气候变暖还会引发海水倒灌、洪水排泄受阻、土地盐渍化等一系列问题，进而对航运业和水产养殖业造成严重影响。更为严峻的是，海陆变迁或将颠覆地球板块应力的原有均衡状态，激发板块活动加剧，致使海啸、地震频发且威力增强，这不仅将对全球生态系统构成威胁，亦将加剧由自然地质变迁所引发的人间灾难。

此外，温室效应导致的全球性气候变暖不仅在不同地域表现出明显的差异，而且引发包括海平面上升、极端天气事件增加、农业经济结构变化以及物种灭绝等一系列连锁反应。这些变化不仅威胁到自然生态系统的平衡，还迫使世界各国不得不调整其经济结构以适应新的环境条件。尽管可能会给局部地区带来一些经济好处，但从全球来说，人类社会应对经济结构的变化而付出的代价将大大高于可能得到的好处。世界降水的重新分配，除使原有水利工程失去功能外，还不得不投巨资建立新的水利工程。世界降水的重新分配还有可能使洪灾、旱灾增多和加重。

(2) 全球生物大迁移，生物圈平衡被打破

全球性气候变暖将会对全球生态系统造成严重危害，人类和地球生物必然会受到很大影响。气候变暖引发海洋生物向两极迁徙，并且要比陆地的同类生物迁移速度更快。虽然海洋生态系统完全不同于陆地生态系统，但气候变化对两者的整体影响趋势相同：物种向两极转移的变化势不可挡。随着全球气候变暖，温度每升高 1℃，陆地物种的适应极限可能向极地迁移约 125km，或在山地垂直方向

上升约 150m。

气候变暖也导致动、植物种群由低海拔向高海拔地区迁移。例如，欧洲高山植物平均每 10 年向高海拔推进 1～4m，维多利亚阿尔卑斯境内的霍瑟姆山上的树线已经在近些年上升了 40m[1]。不同物种向两极或向高海拔地区的迁移速率不同，这不仅与温度有关，而且与物种本身也有密切关系。从分子水平研究不同种群向两极迁徙的机理及其生态标志物、深入探讨气候变化对全球生态格局改变的内在规律将越来越受到生态毒理学的关注。

此外，不同物种向两极或高海拔地区的迁移失衡，不仅会破坏原有的生态平衡，而且新平衡的建立也需历经漫长岁月。在此过程中，生态系统，特别是物种多样性，可能会遭受不利影响。鉴于人类认知的局限性，部分问题或许还难以预知。

(3) 全球生物多样性受到严重影响

许多动物和植物物种在适应气候变化方面表现出显著的保守性，它们的适应（进化）速率远低于气候变化的速率。物种对环境变化的适应能力有限，导致它们无法及时适应快速变化的气候条件，从而加速物种灭绝的速率。例如，大多数植物种类在繁殖阶段只能忍受较小的温度变化，如果大气温度过高，超过耐受范围就会影响植物雌、雄性适合度。在配子形成时期，短期的高温胁迫会对植物的花粉数量、结构及其化学组成和新陈代谢等造成影响，导致成熟花粉数量下降，同时也会间接影响植物的果实和种子生成，从而使植物的繁殖受到影响。

此外，全球气候变暖导致的生境丧失和破碎化，不仅威胁到动植物的生存，还可能导致物种灭绝或被其他物种取代。例如，全球变暖导致的海洋水体膨胀和两极冰雪融化，危及沿海地区，特别是人口稠密、经济发达的河口和沿海低地。此外，全球气温和降雨形态的迅速变化，也可能使世界许多地区的农业和自然生态系统无法适应或不能很快适应这种变化，造成大范围的森林植被破坏和农业灾害。随着许多物种向高纬度或高海拔迁移，一些物种将因适宜生存环境的日渐萎缩而最终走向灭绝。

随着海平面上升，海水入侵加剧，海滨生境中盐度增加，海滨土著植物难以适应而大量减少，而入侵海滨生态系统的外来种比土著种适应性强，这使得外来物种的分布范围不断扩大，进而引发海滨植被面积缩减、结构趋于单一，严重影响了生物多样性。

---

[1] 孟紫强．生态毒理学基础［M］．北京：中国环境出版集团，2023：128.

(4) 对植物病虫害的影响

气候变暖会延长植物病虫害的生长繁殖期，加速病菌和虫卵的发育，缩短其繁殖周期，从而导致病虫害世代数量增加。例如，小麦纹枯病、白粉病以及棉铃虫、麦蚜、麦蜘蛛等病虫害的发生均与气候条件的波动密切相关。暖冬对植物病虫害的安全越冬有利，春暖有利于病虫害的繁殖。当温度偏高并伴有阶段性干旱时，植物病虫害的种群世代数量会上升，繁殖速度加快，往往导致病虫害的大规模爆发。例如，在春季温暖、少雨的条件下，麦蚜和麦蜘蛛等虫害的发生和繁殖比较旺盛。

第四节　环境污染物的生物转运与转化机制

一　环境污染物的生物转运机制

生物膜是一层半渗透性薄膜，将细胞或细胞器与周围环境分隔开来。它不仅能够维持细胞和细胞器内部的理化性质稳定，还能选择性地允许特定物质通过，从而实现物质的吸收与排放。此外，生物膜在能量转化、细胞内外物质运输以及信息传递等方面扮演着重要角色，其上还分布着大量酶结合位点，对化学物质的生物转化过程起到关键的催化作用。

（一）化学物质通过生物膜的方式

环境化学物质通过生物膜的方式主要有两种：被动转运和特殊转运。被动转运是指生物膜对物质的转运不起主动作用，如简单扩散、滤过作用等；特殊转运是指生物膜对物质的转运起主动作用，如主动转运、易化扩散、膜动转运等。

1. 被动转运

被动转运是物质或离子顺浓度梯度或电位梯度，通过细胞膜进行扩散的过程。在此过程中，溶质会特异性地结合到一个转运蛋白上，随后被转运穿过膜。由于这一过程是沿着浓度梯度自然进行的，因此被动转运无需能量支持，属于纯物理化学现象。被动转运的物质只能由浓度较高的部位透过生物膜转运到浓度较低的部位。

(1) 简单扩散

生物膜两侧的化学物分子从浓度高的一侧向浓度低的一侧（即顺浓度梯度）扩散，称为简单扩散。大多数环境化学物能够以此方式通过生物膜。水溶性的极性化合物和高度解离的环境化学物一般不能借助简单扩散进行跨膜转运。极少数亲水性化合物，尽管其水溶性和解离度均较高，不易溶于脂肪，却仍能通过简单扩散的方式实现跨膜转运。例如，季铵类化合物在胃肠道中可与黏蛋白结合，形成一种既具有水溶性又具有脂溶性的复合物，可进行简单扩散。

（2）滤过作用

滤过作用是水溶性物质随同水分子经生物膜的孔状（亲水性孔道）而透过生物膜的过程。生物膜上存在亲水性孔道或间隙，这些孔道或间隙由嵌入脂质双分子层的蛋白质结构中的特定亲水性氨基酸所构成。当在膜的两侧存在着流体静压或渗透压差时，水就能携带小分子溶质经亲水性膜孔顺压差透过生物膜。凡分子直径大小和电荷与膜上孔状结构相适应的溶质皆可随水分子透过生物膜而被转运。各种生物膜上的亲水孔道大小不同。大多数细胞的膜孔径较小，约为 0.4nm，如肠道上皮细胞和肥大细胞；肾小球毛细血管内皮细胞的膜孔较大，孔径 7～10nm。在细胞膜通透性研究中发现，相对分子质量小于 200 的化合物能够通过直径约 0.4nm 的亲水性孔道，例如，口服的铅盐、锰盐、镉盐和铬盐分别有 10％、4％、1.5％和 1％被胃肠道吸收。而相对分子质量小于 69000 的化合物则能通过直径 3～4nm 的亲水性孔道，例如，血浆中的物质（除蛋白质分子外）能够透过肾小球的亲水性孔道进入肾小管。

2. 特殊转运

某些非脂溶性的、相对分子质量较大的环境化学物不能通过被动转运方式转运，而需通过生物膜上的特殊转运系统来完成转运过程。

（1）主动转运

主动转运是化学物伴随能量的消耗利用载体由低浓度处透过生物膜向高浓度处转运的过程。主动转运需要有载体（或称运转系统）参加。对于化学物逆浓度梯度（逆化学梯度）转运，需要消耗一定的代谢能量，这些能量主要来源于细胞代谢活动产生的 ATP。载体对转运的化学物有一定的选择性和特异性，化学物必须具有一定适配的基本结构才能被转运；结构稍有改变，则可影响转运过程的进行。载体既是生物膜的组成成分，因此有一定的容量，当化学物达到一定浓度时，载体饱和，转运即达到极限。

（2）易化扩散

易化扩散是指非脂溶性化学物，于机体内在细胞膜蛋白的帮助下，由膜的高浓度一侧向低浓度一侧转运的过程，又称帮助扩散或载体扩散。由于无法逆浓度梯度从低浓度区域向高浓度区域转运，因此易化扩散过程不需要消耗代谢能量。由于利用载体，生物膜具有一定的主动性和选择性，但因只能从高浓度处向低浓度处转运，而且不需要细胞提供能量，具有扩散的性质。其转运机制可能是载体特异性地与某种化学物质结合，随后载体分子内部发生构型变化，形成一条适合该物质通过的通道，从而允许该化学物质进入细胞。

（3）膜动转运

一些大分子或固态颗粒物质与细胞膜上的某种蛋白质具有特殊的亲和力，当其与细胞膜接触后，可改变这部分膜的表面张力，引起外凸或内凹，将外源物包围进入细胞，这种转运方式称为吞噬作用。液滴异物也可通过此种方式进入细胞，称为吞饮或胞饮作用，形成的小泡叫吞饮泡。吞噬和胞饮作用可合称为入胞作用或膜动转运。膜动转运是细胞与环境进行的一些大分子物质的交换过程，其主要特点是在转运过程中生物膜结构发生变化。相比之下，膜动转运在生物转运的整体过程中，其重要性略逊于其他转运方式，然而，在吞噬细胞清除肺泡中的大分子颗粒物质，以及肝和脾的网状内皮系统从血液中移除这些物质的过程中，膜动转运发挥着关键作用。而且，除入侵的细菌外，病毒、死亡的细菌、铁蛋白、组织碎片等都可以通过细胞的吞噬作用被清除，因此，膜动转运对体内环境化学物或异物的清除具有重要意义。

（二）吸收

环境化学物经各种途径透过机体的生物膜进入组织或血液的过程称为吸收。环境化学物主要通过皮肤、呼吸道和消化道等途径被吸收，在毒理学实验中也采用注射的方法让机体染毒，如皮内、皮下、腹腔、肌肉、心内、动脉和静脉注射等。

1. 经消化道吸收

消化道吸收构成了环境污染物进入机体的最主要渠道。许多环境污染物可随同饮水和食物进入消化道并在胃肠道中被吸收。消化道的所有部位都有吸收作用，但起主要作用的是小肠。

环境化学污染物经口腔黏膜的吸收量甚微，这归因于它们在口腔内短暂的停留时间。污染物在胃内主要通过简单扩散的方式被吸收。胃液酸度极高，人的胃液 pH 值为 1.5～2.5，狗的胃液 pH 值为 1.5～2.0，大鼠的胃液 pH 值为 2.4～4.0。在这种环境下，弱有机酸类物质多以未解离的形式存在，较易被吸收；而弱有机碱类物质在胃内解离度较高，一般不易吸收。

小肠内的吸收机理主要通过简单扩散的方式进行。在中性或弱碱性的环境下（pH 值为 6.6～7.6），化合物的离解情况与胃内不同，导致弱有机碱类在小肠内主要以非解离状态存在，这使得它们容易通过简单扩散被吸收。相对地，弱有机酸类如苯甲酸在小肠中不易被吸收，因为它们在小肠的 pH 条件下通常以解离状态存在。但由于小肠具有极大的表面积，绒毛和微绒毛的存在使得小肠的表面积大幅增加，从而能够高效吸收大量的有机酸类化合物。此外，小肠黏膜细胞膜上亲水性孔道直径为 0.4nm 左右，可滤过吸收相对分子质量为 200 以下的小分子化学物。

2. 经呼吸道吸收

呼吸道吸收是大气污染物的主要吸收途径。空气中的化学污染物主要通过呼吸道迅速进入人体，这些物质绕过了肝脏的生物转化过程，直接进入体循环，并广泛分布于全身。

从鼻腔深入至肺泡，各部位因组织结构差异而对化学物质的吸收能力各异，深部区域面积广阔，化学物质停留时间长，因此吸收量也相应增大。因此，肺是呼吸道中最主要的吸收器官。人体肺泡数量多，全肺有（3～5)亿个肺泡，表面积很大。空气在肺泡内流速慢，接触时间长，同时肺泡周围布满长约 2000km 的毛细血管网络，血液供应很丰富，毛细血管与肺泡上

皮细胞膜很薄，仅 1.5μm 左右，这些都有利于外源毒物的吸收。例如，CO、NO_2、SO_2 等气体污染物，苯、四氯化碳等挥发性液体污染物的蒸气及气溶胶硫酸雾等外源毒物被肺吸收的速度很快，仅次于静脉注射。所以呼吸道是生产性毒物侵入人体的最重要途径。在生产环境中，即使空气中毒物含量较低，每天也会有一定量的毒物经呼吸道侵入人体。

气体、易挥发液体及气溶胶液体在肺泡内的吸收，主要依赖简单扩散机制，其速率受多重因素制约。

3. 经皮肤吸收

一般来说，皮肤是将机体与外界环境隔离的良好屏障，环境化学物不易透过。但有不少环境化学物可通过皮肤吸收而产生全身毒性作用。例如，四氯化碳经皮肤吸收引起肝损害；某些有机磷农药，可透过完整皮肤引起人体中毒或死亡。空气污染、水质污染及土壤污染等环境污染物，经皮肤接触可致红肿、瘙痒、疼痛等不适，进而可能诱发过敏反应，加剧皮肤病况。此外，紫外线、臭氧和重金属等污染物质，都可能导致皮肤色素异常、弹性减弱和表皮组织损伤等，从而加速皮肤老化过程[1]。

皮肤结构由表皮、真皮及皮下组织三层构成。环境化学物经皮吸收途径主要

---

[1] 武涛，刘慧，于丽娟，等．环境污染物 TCDD 对皮肤老化的影响［J］．环境科学导刊，2024，43（4)：60.

有二：表皮途径与毛囊、汗腺及皮脂腺途径。化学物通过表皮吸收需通过三层屏障：表皮角质层、连接角质层与基膜。

（三）分布与蓄积

1. 分布

分布是指外源毒物经吸收进入血液或淋巴液后或其代谢产物形成后，随血液和淋巴的流动分散到机体各组织器官的过程。在污染物的分布过程中，污染物质的转运主要以简单扩散为主。研究化学物在体内的分布规律和归属，可以了解化学物的亲和组织、靶器官和贮存库。

同一种外源毒物在机体内各组织器官的分布是不均匀的，不同的外源毒物在机体内的分布情况也不一样。这是因为化学物在体内的分布与各组织的血流量、亲和力及其他因素有关。有些外源毒物由于与某种组织的亲和力较强或具有高度脂溶性而在某种组织内浓集或蓄积。这些浓集或蓄积的部位可能是毒物的主要毒性作用点，即靶器官，也可能并不直接显现毒性，而是作为化学物的贮存场所。贮存状态的化学物与游离状态的化学物之间保持着动态平衡，一旦贮存状态的化学物释放到血液中变为游离态，就会显现出毒性作用。

吸收进入血液的外源毒物仅少数呈游离状态，大部分与血浆蛋白结合，随血液到达全身各器官和组织。因此，在分布的开始阶段，血液供应越丰富的器官，分布的化学物越多，其初始分布浓度可以达到很高，如肝脏、肺。但随着时间的延长，化学物在器官和组织的分布由于受到化学物与组织器官亲和力的影响，从而形成化学物的再分布过程。因此，外源毒物在体内组织器官的起始分布取决于血流量，而最终分布取决于化学物与组织、器官的亲和力。

体内特定部位存在的屏障，能够阻碍外源毒物的转运，这是导致化学物在生物体内分布不均的另一个关键因素。对于动物而言，皮肤是机体最大的屏障，一些器官也存在阻止外源毒物通过的屏障，如血脑屏障、胎盘屏障、血眼屏障、血睾屏障等可减少外源毒物对这些器官的损害。

2. 化学物的蓄积

化学物连续地、反复地进入机体，而且吸收速度或总量超过代谢转化排出的速度或总量时，化学物或其代谢产物就可能在体内逐渐增加并储留，这种现象称为蓄积作用，大多数蓄积作用会产生蓄积毒性。化学物在体内的蓄积作用有两种方式：①物质蓄积，是指长期反复接触某化学物时，如果吸收速率大于消除速率(包括化学物的降解和排泄)，就会出现该化学物在体内逐渐增多的现象。一般在动物实验中，给以一定剂量的化合物，其染毒间隔时间小于半减期或两者相等时，便会出现物质蓄积。②功能蓄积（损伤蓄积），有些化学物在体内代谢和排出速度快，但引起的损伤恢复慢，若首次损伤尚未复原，便接连遭受二次乃至三次损伤，此类损伤的累积效应即被称为功能蓄积。功能蓄积是损害效应累积的结果。一般提及蓄积作用，往往是指物质蓄积。

进入血液的外源毒物大部分与血浆蛋白或体内各组织成分结合，积聚在特定部位。有的化学物对其积聚的部位可直接产生毒性作用，该部位称为靶部位，即靶组织或靶器官。蓄积的程度深受吸收、分布、代谢转化及排泄等多个生理过程的影响。其中污染物对生物膜的通透力及其与各组织亲和力的差异是影响污染物在体内分布的主要因素。某种污染物往往在相对集中的某些部位累积，有的部位化学物含量虽高，但并不显示毒性，因此称其为该污染物的贮存库。动物体内的主要蓄积部位（贮存库）是血浆蛋白、肝和肾、脂肪组织，以及骨骼组织四种。

二 环境污染物的生物转化途径

毒物的生物转化是指毒物在体内组织中，通过酶的催化作用或非酶反应，转化为一系列代谢产物的过程。这一过程包括代谢解毒和代谢活化两种结果，其中代谢解毒可导致毒性降低或消失，而代谢活化则可能产生新的毒性更强的化合物。生物转化分为两种主要类型：①Ⅰ相反应，包括氧化、还原和水解；②Ⅱ相反应，包括毒物或其代谢物与内源性代谢产物结合而形成结合物。已知许多毒物可在器官和组织中进行生物转化，其主要场所是肝脏，其他还有肺、胃、肠和皮肤等。

（一）Ⅰ相反应

1. 氧化反应

生物转化过程主要涉及生物氧化，这是一种将有机物质转化为 CO_2 和水的过程，同时释放能量。这一过程在混合功能氧化酶系的催化下进行，该酶系包括 NADPH 细胞色素 c 还原酶和细胞色素 P-450 等关键成分。因为这些氧化酶位于内质网，内质网的碎片称为微粒体。在氧化反应中，氧气扮演了关键的“混合”角色，其中一个氧原子被还原成水，而另一个氧原子则被整合到底物分子中。这种酶因此被称为微粒体混合功能氧化酶（MFO），它们在生物体内对污染物进行生物转化的过程中发挥着至关重要的作用。

2. 还原作用

（1）微粒体还原。毒物可通过微粒体酶作用而被还原。这些反应在肠道的细菌体内比较活跃，而在哺乳动物组织内较弱。

（2）非微粒体还原。非微粒体还原包括醇、醛、酮、有机二硫化物、硫氧化物和氮氧化物等的还原反应。

3. 水解作用

许多毒物（主要为酯、酰胺和硫酸酯化合物）都有可以被水解的酯键。哺乳动物组织中有大量与水解有关的非特异性酯酶和酰胺酶。

（1）酯酶种类繁多且广泛分布于生物体中，具备水解各类酯键的能力。水解作用是有机磷农药在哺乳类动物体内代谢的主要方式之一。例如，磷酸酯酶等水解酶能使各种有机磷酸酯和硫代磷酸酯水解，生成相应的烷基磷酸及烷基硫代磷酸，从而降低其毒性。

（2）酰胺酶。能特异地作用于酰胺键使其水解。其水解过程比酯酶慢。例如农药乐果的水解反应。

（3）糖苷酶。能特异地使各种糖苷水解。例如硫代葡萄糖苷的水解反应。

（二）Ⅱ相反应

Ⅱ相反应也被称为结合反应。经过Ⅰ相反应后，毒物表面可能会附着一些极性基团，例如羟基（—OH）、巯基（—SH）、羧基（—COOH）和氨基（$—NH_2$）等。结合反应是在此基础上再引入一个酸基团，如葡萄糖醛酸、硫酸等。结合反应不仅能使有毒化学物的某些功能基团失去活性，还能使大多数化合物通过结合反应增加水溶性，从而迅速通过肾脏排出体外，因此，结合反应被视为一种有效的解毒途径。

结合反应的过程分为两个阶段，首先是形成一个活化的中间体，此过程一般需要 ATP。继而由多种转移酶将活化的中间体的一个化学基团，作为供体转移给另一个化学物（受体），形成结合物。毒物及其代谢产物一般为受体，而内源性结合基团为供体。

在人及大多数哺乳动物中常见的结合反应类型如下。

1. 葡萄糖醛酸结合

葡萄糖醛酸结合是最常见的也是最重要的一种结合反应。葡萄糖醛酸的来源是体内糖类的正常代谢产物，凡含有羟基、氨基、羧基和某些带巯基的外来化学物质，都能在肝脏中与葡萄糖醛酸结合。此外也能在肾脏、胃肠道黏膜和皮肤中进行。

葡萄糖醛酸在糖代谢过程中由 α-葡萄糖-1-磷酸和尿苷三磷酸（UTP）生成的尿苷二磷酸葡萄糖（UDPG），经肝、肾及胃肠道等组织细胞质中存在的 UDPG 脱氢酶催化，生成尿苷二磷酸葡萄糖醛酸（UDPGA）。此时，与外来化学物质在内质网膜上的 UDPGA 转葡萄糖醛酸酶的催化下，结合形成代谢物——葡萄糖醛酸结合物。

2. 硫酸结合

毒物的醇类、酚类和胺类的代谢物都可以与硫酸结合形成硫酸酯。硫酸来源于含硫氨基酸的代谢产物。这一反应过程多数是在肝、肾、胃和肠中进行。该过程始于硫酸根离子与 ATP 的反应，生成腺苷 5′-磷酰硫酸（APS），随后 APS 再与 ATP 反应，生成 3′-磷酸腺苷-5′-磷酰硫酸（PAPS），最终在相应的转移酶催化下，PAPS 与毒物结合。

一般情况下，通过硫酸结合反应，可以使毒物的毒性降低。例如，苯进入机体后生成酚，酚与硫酸结合成苯基硫酸酯，后者亲水性很强，容易被排出。但近年来发现芳香胺类化合物，如 2-乙酰氨基芴，经 *N*-羟化后，其羟基可与硫酸结合形成硫酸酯，此种硫酸酯的致癌性比 2-乙酰氨基芴本身的致癌性还强。

3. 乙酰化

乙酰化是芳香胺类、酰肼类等多种外源性化学物在生物体内的重要转化途径。这些外源性化学物与乙酰辅酶 A 作用，生成乙酰衍生物，经 *N*-乙酰转移酶催化而完成乙酰化。乙酰辅酶 A 由糖、脂肪或蛋白质分解产生。

乙酰化常掩盖胺类毒物中具有重要生物活性的氨基的作用，因而降低了毒性。但在一些情况下，毒物经乙酰化后其水溶性降低，故往往引起较复杂的情况，如磺胺甲基嘧啶具有引起“结晶尿”的副作用。

4. 氨基酸结合

许多具有羟基的毒物（如苯乙酸、取代苯甲酸和杂环羧酸等）在体内通过生物转化过程，首先与乙酰辅酶 A 结合形成酰基辅酶 A 供体。这一过程涉及酰基辅酶 A 合成酶的作用。随后，形成的酰基辅酶 A 供体在 *N*-乙酰转移酶的作用下，与甘氨酸等 α-氨基酸受体结合，完成解毒过程。苯甲酸在体内转化为苯甲酰辅酶 A 后，通过与甘氨酸结合生成马尿酸，这是苯甲酸在肝脏中解毒的主要形式，并通过尿液排出体外。

第三章

生物类群生态毒理学研究技术

随着环境问题日益凸显，污染物对不同生物类群的生态毒理效应受到广泛关注。研究生物类群生态毒理学，有助于全面了解污染物在生态系统中的传递与危害。不同生物类群在生态系统中扮演独特角色，其生态毒理学研究技术也各有侧重。本章聚焦植物、鱼类两栖类、昆虫类、鸟类及微生物等生物类群，分别介绍其生态毒理学研究技术。通过掌握这些技术，能更精准评估污染物对各生物类群的影响，为生态风险评估、污染治理及生物多样性保护提供有力的技术支撑。

第一节　植物生态毒理学研究技术

运用植物系统检测环境污染物的毒性作用是一种简易、快速的实验技术，具有取材方便、操作简便、经济快速等特点，更主要的是植物系统对环境毒物的反应具有重复性好、灵敏度高的优势，使得植物材料越来越多地用于环境毒性试验。针对环境污染物对植物的毒性效应，受研究水平的差异影响，所采用的研究方法与技术亦有所不同。

一　有害气体对植物毒性作用的染毒研究技术

环境有害气体对植物的生态毒理学作用研究主要采用的是熏气的方法。20 世纪 70 年代以前，受熏气条件与田间自然条件的差异和浓度测试手段的限制，研究结果之间缺乏明显的可比性；到 70 年代末，国外普遍采用了田间开顶式熏气罩，使大气污染对农作物的影响在研究方法上有了重大突破。这种方法消除了培养室内的微气候效应，使作物对污染气体的反应更接近自然条件，结果更加可靠。自 80 年代后期起，我国开始采用开顶式熏气装置，这一技术的引入显著推动了对大气环境污染物植物生态毒理效应的研究。目前，各种气体浓度测试装置与技术已大有改善，采用盆栽熏气试验模拟自然条件试验已经普遍使用，其结果有很好的实践意义。尽管各种气体发生装置存在差异，但开顶式熏气罩仍是熏气装置中常用的类型。

二 形态学与解剖学研究技术

在植物生态毒理学研究中，最常规的毒性试验就是通过植物生长的形态和解剖学指标测量环境污染物对植物的毒性，即将植物培养在一定的可控制系统中，然后根据需要进行染毒，进行相关的形态学与解剖学毒性测试。

一般可以选取染毒一定时间内植物的一些生理指标（如种子发芽率、生长速率、生长量、叶色变化、器官畸形率、植株死亡率等指标）进行观测，并与对照组的相应参数比对，确定毒物对植物的损伤效应及程度。

植物组织结构的损伤效应检测可参照细胞生物学实验方法，在植物接触环境污染物一定时间后取样，经固定、包埋和制片，在光学显微镜或电子显微镜下观察。

三 环境污染物影响植物生理生化的研究技术

研究环境污染物对植物的毒性效应常检测植物的一些生理生化指标。植物光合作用特性与生物膜损伤状况是衡量环境污染物对植物胁迫程度及耐受性的重要指标，这些指标在植物生态毒理学研究中占据核心地位。例如，粉尘污染会影响植物的光合作用色素含量和吸收光谱特征，导致光合作用效率下降。此外，微塑料污染也被发现会减少植物叶绿素含量，进而影响光合作用效率。

（一）测定光合作用性能

植物叶片表观光合作用速率可在染毒后采用便携式光合作用测定系统，将叶片最宽部位夹入叶室中直接测定；叶绿素荧光性状可使用便携式叶绿素荧光仪在叶片暗适应 30 min 后测定，然后用相应的软件对数据进行处理获得结果。通过对叶绿素含量及组分的检测，对比环境污染物暴露组与对照组的差异，可以发现叶绿素含量的变化以及对光合作用的影响。

（二）测定植物抗污染能力

植物在遭受环境污染胁迫时，其细胞膜可能受损，导致膜透性增加，进而促使细胞内电解质外渗，最终引起植物细胞浸提液电导率的上升。生物膜损伤引发的膜渗漏以电导率大小来表示。进行膜透性实验时，主要是采用植物叶片，使用的仪器主要有电导仪等。

（三）测定丙二醛含量

在环境污染物的影响下，植物细胞膜脂过氧化作用加剧，产生丙二醛（MDA）。MDA 含量的测定能够反映植物细胞膜受损程度和植物遭受逆境胁迫的程度，是评估植物抗逆性的重要指标。MDA 含量测定可以使用 MDA 测定试剂盒。

四　环境污染物对植物细胞遗传毒理学效应的研究技术

某些环境污染物可对植物细胞的遗传物质产生毒性作用，引发遗传损伤效应。可采用高效液相色谱法以及高效液相色谱-质谱联用技术（LC-MS）来定量分析 DNA 分子中的碱基氧化损伤产物，例如 8-羟基鸟嘌呤的含量，同时，也可利用彗星电泳技术来检测 DNA 链的断裂情况及 DNA-蛋白质的交联现象。也可用传统的细胞遗传学技术，检测高等植物根尖细胞中的染色体畸变、微核等。例如，蚕豆根尖微核技术，作为一种被世界卫生组织、联合国环境规划署和美国国家环保局采纳的环境污染物遗传毒性检测方法，已被我国国家环保局在 1986 年确立为水环境生物测试的标准技术。蚕豆根尖细胞染色体畸变分析技术也是植物遗传毒性检测常用的技术，通过对染色体畸变率、畸变类型等的区分，来分析毒性发生的机制。运用姊妹染色单体区分着色技术检测姊妹染色单体交换频率，能反映植物细胞在环境污染物暴露后染色体结构的稳定性，染色单体交换还会带来基因表达调控的位置效应。

五　重金属在植物中残留量的研究技术

植物组织中重金属含量的测定主要有以下方法。

（一）原子吸收分光光度法研究

原子吸收分光光度法，又称原子吸收光谱法。在植物生态毒理学中，常用于测定植物的重金属含量。样品测定前必须进行灰化。除铬元素外，其他几乎所有金属都能溶解于特定浓度的硝酸溶液中。因此，可用原子吸收分光光度法测定绝大多数金属元素，而用比色法测定铬元素。

（二）火焰光度法研究

火焰光度法是一种无机元素定量分析方法，对碱金属和碱土金属最灵敏。该技术可用于检测生物样品中超过 20 种无机元素，尤其是钙、镁、锰等重要元素。发射火焰光谱技术可广泛应用于土壤和植物组织中的金属元素分析。

（三）电感耦合等离子体质谱法

电感耦合等离子体质谱法（ICP-MS）具有极高的灵敏度和很好的精密度，多元素可同时测定，已广泛应用于多种样品中痕量元素的测定。ICP-MS 的另一个优点是可以进行快速同位素比值分析，因而可利用同位素稀释分析法准确、快速地测定各种样品中的痕量元素。同位素稀释法通过添加待测元素的同位素稀释剂于样品前处理阶段，依据同位素比率变化精确测定元素浓度。作为一种绝对定量方法，同位素稀释法是一种高精度的分析技术，它通过向样品中添加已知量和组成的同位素标准溶液，利用同位素稀释原理准确测定未知样品中元素的含量。该方法具有高灵敏度、高准确性、无须复杂样品预处理和良好的选择性，广泛适用于地球化学、环境科学等领域的元素和同位素测定。

六 农药在植物中残留量的研究技术

农药在植物中的残留量最常用的分析技术是色谱法（高效液相色谱法、气相色谱法）、质谱法、放射性元素示踪法等。其中，高效液相色谱法、液相色谱-质谱法（LC-MS）和气相色谱-质谱法（GC-MS）在环境污染物残留量研究中已得到广泛应用，这些技术结合了色谱的分离能力和质谱的鉴定能力，极大地提高了分析的灵敏度和鉴定能力。

七 基因组和蛋白质组的研究技术

基因组学是研究生物基因组和如何利用基因的一门学问。内容涉及基因作图、测序和整个基因组功能分析。采用高通量测序平台，可以检测一定条件下植物组织、细胞中所有基因的转录状况，得到基因表达谱；利用杂交后代中群体的基因组 DNA 测序可以对亲本的抗性基因进行定位；通过对特定物种的基因组重测序，找到与性状决定相关的基因。通过生物信息学分析，可以找出与胁迫环境相关的重要基因与调控途径，如抗氧化防御应答基因、代谢调控基因等，不仅能够深入剖析毒性作用机制，还能精准筛选出关键功能基因，从而为植物的遗传改良和育种工作奠定坚实的分子基础，可以通过对功能基因的克隆与转化获得转基因植株，用于植物修复或粮食生产。

蛋白质组指由一个基因组，或一个细胞、组织表达的所有蛋白质。目前蛋白质组学的研究手段主要依靠分离技术、质谱技术和生物信息学的发展。蛋白质组学研究广泛采用的分离技术是双向电泳技术。常用的质谱技术主要包括基质辅助激光解吸电离飞行时间质谱（MALDI-TOF-MS）和电喷雾质谱（ESI-MS），

MALDI-TOF-MS与ESI-MS的应用有一定的限制，无法鉴定多个蛋白混合物，将多个高效分离手段与质谱仪器串联形成的MS/MS系列，具有比一般质谱更高的灵敏度、分辨率和质量准确度并具有更多的功能。

第二节　鱼类两栖类动物生态毒理学研究技术

一　鱼类生态毒理学研究技术

新兴海洋生态毒理学模式生物——海洋青鳉鱼的使用，以及斑马鱼和稀有鮈鲫在化学品生态毒性测试中的标准化应用，进一步证明了鱼类生态毒理学研究方法在评估环境污染物对水生态环境安全性方面的重要性。这些鱼类生态毒性数据为生态风险评估与风险管理提供了科学依据。小型淡水鱼类，尤其是斑马鱼，因其易获得、易培育、生长繁殖周期短等特点，已成为生态毒理学研究中广泛使用的模式实验动物。斑马鱼在环境污染物的生态毒理效应及其发生机理的试验研究中发挥着重要作用，特别是在环境毒理学领域。

（一）常用鱼类模式生物研究

为了提高生态风险评估的可靠性，选用具有代表性的鱼种作为模式生物，对环境污染物的毒性进行精确地测定和深入研究，从而获取准确的生态毒性数据，显得尤为关键。对于代表性鱼种的筛选标准主要包括：①分布广泛、普遍可用且有足够背景信息的鱼类；②敏感度和行为历史已知；③首先考虑土著和有代表性的鱼类；④容易进行实验室培育和养护。目前，斑马鱼、黑头呆鱼、食蚊鱼、孔雀鱼和日本青鳉，是国际公认的淡水生态毒理学研究模型。相较于淡水鱼模型，海水鱼模型的研究进展相对较为缓慢。

斑马鱼最常用于生态毒理学测试，是小型热带鱼类，在遗传学控制、微生物学控制、环境控制、营养学控制等方面的相关标准化工作已经取得了诸多进展，其转基因品种在环境监测领域得到了应用，例如用于评估水污染程度或检测特定污染物等。此外，斑马鱼也可作为发育生物学研究的模式动物，关于斑马鱼的发育、生理、神经及内分泌系统等方面，已积累了大量研究成果。日本青鳉鱼是起源于亚洲的淡水鱼类，常用于淡水生态毒理学研究；而海洋青鳉鱼可作为海洋毒理学研究的鱼类模型。

此外，由于稀有鮈鲫性成熟时间短、繁殖季节长、产卵量较大，可常年人工繁殖，而且生物学特征研究已较为系统，作为中国本土常用鱼类模式生物在水生毒性测试中被推荐使用。

（二）一般毒性试验研究

1. 急性毒性的试验

鱼类急性毒性试验旨在评估环境污染物对鱼类的急性毒性效应，主要通过检测暴露于特定浓度化学物质下的鱼类在 48h 或 96h 期间的累积死亡率来实现，进而估算导致受试鱼类 50%死亡率的暴露浓度，即半数致死浓度（LC_{50}）。这一指标常被用于化学污染物急性毒性的分级。在实验过程中，需密切观察受试鱼的生理状态，当出现诸如鳃部无扇动、触碰尾柄无反应等无肉眼可见活动迹象时，可判定鱼类死亡。同时，实验人员应详细观察并记录受试鱼类的异常行为，包括鱼体侧翻、色素沉积及游泳能力减弱等现象。

鉴于动物福利法规对脊椎动物实验材料使用的限制日益严格，科学研究普遍遵循动物实验“3R”原则，即减少脊椎动物使用、开发和验证替代整体动物的试验方法以及优化试验设计以降低实验动物用量。当前，鱼类胚胎的短期毒性效应已成为鱼类急性毒性测试潜在替代方法的研究热点。该方法不仅符合动物福利要求，还能在一定程度上提高实验效率和准确性，为化学污染物的毒性评估提供了新的方向和思路。

2. 慢性毒性的试验

慢性毒性试验是将实验鱼种长期暴露于受试化学污染物中，观察鱼类在整个生命周期或生命周期重要阶段的毒理反应，确定受试化学污染物观察到的最低有害作用剂量（LOAEL）、未观察到有害作用剂量（NOAEL）以及毒作用的靶器官或敏感器官。

鱼类慢性毒性试验通常要求在具有流水装置的条件下进行，以保持毒物浓度的恒定。试验周期可能从卵到卵的整个生命周期，或从胚胎到幼体的部分生活阶段，以评估污染物对渔业生物的长期影响。暴露时间可能长达 6～12 个月，甚至更长，以观察鱼类从出生、生长到性成熟并产卵的整个生命周期中产卵数、孵化率、幼体成活率、生长速度、游动行为、体长、体重及污染物对后代的影响等。由于慢性毒性试验周期长，所以常采用鱼类胚胎进行此类试验。

3. 行为学的研究

当水质发生变化时，鱼类在环境的胁迫作用下会发生应激反应，其活动将发生一系列变化。因此，通过观察分析鱼类行为的变化可以对水质进行监测预警。鱼类行为研究方法可以确定外来污染物对中枢神经功能、心理和行为的影响。鱼类的多种行为，诸如归巢、食物搜寻、配偶挑选及避敌策略，均能反映出环境因素变化对鱼类生理特性及健康状况的异常影响。

（三）致突变、致癌、致畸试验研究

大量新的化合物的合成，原子能的应用，多种工业废物的大量排放，使生命物体的生境条件发生改变，对生物的遗传进化效应产生了深远影响[1]。环境致突变、致癌物作用于鱼类时，往往对DNA分子造成损伤，引起基因或细胞突变，进一步可使鱼体发生癌变或畸变。一些环境化合物作用于鱼类，可引起染色体数量或结构发生异常，如造成染色体断裂、缺失、易位、染色体断片再连接等染色体畸变。因此，鱼类生物致突变试验旨在探究受试化合物是否具备致突变、致癌潜能，以及是否会引发鱼类生殖系统的发育异常，进而导致子代畸形。目前常用单细胞凝胶电泳试验检测鱼肝细胞或外周血细胞DNA损伤，及观察染色体畸变、微核形成以及核异常率（核凸起、核透明、核偏位等）等。

此外，为了探讨环境污染物的发育毒性，研究者们参考了多环芳烃（PAHs）对海洋鱼类胚胎发育的毒性效应研究，以及水污染对鱼类性腺及胚胎发育的影响，观察受试鱼种在生长发育过程中是否出现畸形、何种畸形、出现畸形的时间和主要器官等，以确定受试化合物是否具有生殖发育毒性，并确定其最大无作用剂量和最小有作用剂量。

（四）生物富集和生物放大研究

鱼类作为水环境的重要生物成员及人类的主要食物之一，研究鱼类对水环境污染物的生物富集和生物放大具有重要意义。可通过对水生食物链中不同营养级生物的生物富集系数（BCF）进行比较，判断化学物是否具有生物放大作用。近年来发展的稳定同位素法，对于确定食物链不同水生生物的营养级别具有很多优点，弥补了传统生态学调查分析方法的不足。然而，为确保鱼类营养级地位的准确判定，稳定同位素法仍需与经典生态学方法相结合，特别是结合野外调查等手段。

（五）生物化学与分子生态毒理学的研究

鱼类受到环境污染物胁迫时，其生物大分子如DNA、酶和蛋白质等会受到损伤或变化，这类生物化学与分子生态毒理学变化往往可以作为敏感的生态标志物。一些酶活性的变化可揭示环境污染物的非特异性毒性作用，例如，鱼血清中的谷丙转氨酶，可作为鱼类的肝脏损伤信号。此外，在环境污染物胁迫下，部分酶活

---

[1] 张莉，王友保．环境致突变物的蚕豆细胞微核检测［J］．生物学通报，2002，(09)：49-50.

性的变化还能作为特定污染物的指示器，例如有机磷农药能抑制鱼体内乙酰胆碱酯酶的活性，因此乙酰胆碱酯酶可作为评估此类化学物质污染程度及其对鱼类生物损害程度的指标。

有些环境污染物会对鱼体内的蛋白质和其他生物大分子合成产生抑制作用，例如，斑马鱼暴露于双酚 A 时，能抑制其雌激素受体，使雌激素作用降低，导致产卵量下降。有些环境污染物能诱导鱼体内特定蛋白质的合成，如应激蛋白、金属硫蛋白等。这些敏感生化指标既可指示鱼体的健康状况，又可揭示受试化学物的环境污染程度。

随着生物学新技术的发展和渗透，鱼类生态毒理学研究领域大量采用了分子生物学方法。例如，单克隆抗体技术、PCR 技术、基因表达分析和基因测序等，这些技术在水产动物疾病诊断和防治中显示了其强大的优势，已被广泛应用于水产养殖和疾病监测。近年来发展的组学技术，如基因组学、毒理组学、蛋白质组学、代谢组学等已在鱼类生态毒理学研究中得到应用，对于鱼类生态毒理学研究向微观方向的发展将起到重要作用。

（六）野外调查的研究

实验室环境因素单一，而自然生态系统中环境多变，影响因素颇多，因此实验室研究不能代替野外调查研究。通过野外采集的鱼类样本，监测水体污染物对水生态系统的危害作用，更切合实际而更具有环境现实意义。为了研究环境污染物在自然生态系统中的毒理学作用，水生微宇宙、中宇宙生态试验系统已经在鱼类生态毒理学研究中得到广泛应用。

二 两栖类动物生态毒理学研究技术

（一）两栖类模式生物与标准化试验研究

在所有的两栖动物中，非洲爪蟾因饲养条件简单、繁殖快速和观察方便等原因，适合作为生态毒理学研究的模式动物。非洲爪蟾已作为实验动物广泛应用于标准化试验，例如，非洲爪蟾胚胎致畸试验。爪蟾胚胎致畸实验（FETAX）是一种对化学品发育毒性的快速检测方法，主要检测指标包括：半数致死浓度、半数效应浓度、致畸因子和最小抑制生长浓度等。非洲爪蟾还可被用于对化学品甲状腺干扰效应的测试，检测指标包括体长、后肢发育、甲状腺组织等的形态学变化及甲状腺激素和促甲状腺激素等激素水平变化、甲状腺相关基因表达的变化等。

（二）两栖类生态毒理学的研究特点

实验动物的死亡率和生长是常用的毒性测试终点，对两栖动物而言，更具特异性的终点包括幼虫期持续时间、变态发育期幼虫的大小以及暴露于环境污染物后的表现和行为，如游泳速度、躲避捕食者的能力、一般活动水平和喂食时间等。在实验室进行的两栖动物毒性测试分为胚胎和幼虫阶段、变态发育阶段、幼体阶段和性成熟成体阶段。在这些阶段中，尤其是胚胎和幼虫阶段，常被用作评估环境污染物影响的模型，原因在于它们对环境变化具有高度的敏感性。

（三）两栖类动物生物标志物及研究

两栖类生态毒理学研究除了由于它的变态发育、水陆两栖等特点而在试验设计和观察终点有其特殊性之外，在试验操作方面多为常见毒理学方法。然而，鉴于两栖类动物对环境污染的极度敏感，针对其生物标志物的研究颇为广泛，主要集中在以下领域。

1. 混合功能氧化酶研究

混合功能氧化酶（MFO）对几乎所有的外源化学物均有反应，例如，多环芳烃可以显著地诱导细胞色素 P450 的亚型-CYP1A，通常来讲 CYP1A 活性的诱导与致突变的代谢产物的增加、DNA 损伤有关。芳香酶同样属于 Cyt P450 家族，它参与雄激素前体向雌激素的转化。一些内分泌干扰物，例如除草剂阿特拉津，已被研究证实能够诱导芳香酶，导致青蛙幼虫雌性化。

2. 内分泌干扰研究

芳香酶活性、睾酮水平和雌激素受体调节的卵黄蛋白原是常用的雌激素干扰的生物标志物，并且已经开发了用于生态毒理学研究的两栖动物（非洲爪蟾）卵黄蛋白原测定的特异性抗体。两栖动物卵黄蛋白原核性类固醇受体蛋白作为内分泌干扰的生物标志物，在野外研究中也具有很好的相关性。然而，诸如甲状腺和类固醇皮质激素等其他对两栖动物变态发育至关重要的激素系统，是否可作为评估内分泌干扰物的潜在生物标志物，仍有待于深入探索。

3. 酯酶的抑制与恢复研究

乙酰胆碱酯酶（AChE）是有机磷农药和氨基甲酸酯类农药的主要靶标，其他外源化学污染物（如有机氯农药）和一些重金属也可能影响这种酶。其他酯酶[如丁酰胆碱酯酶(BChE)和羧基酯酶(CE)]也是有机磷农药和氨基甲酸酯的公认的生物标志物。在早期胚胎发育过程中，AChE 对脑发育具有一定的作用，但敌百虫暴露导致 AChE 活性下降并未明显影响胚胎发育。CE 可通过催化对酯类杀虫剂的水解反应而起到解毒作用。与 AChE 一起，CE 被认为是评估两栖动物暴露和恢复的良好生物标志物。

4. 还原型谷胱甘肽（GSH）和抗氧化酶研究

GSH 是氧化应激的敏感生物标志物，作为辅助因子和几种酶的底物参与清除活性氧种类维持氧化还原状态。ROS 产生和氧化应激是许多外源化学物代谢过程中引起的常见效应。也可将抗氧化酶和 GSH 与 AChE 作为生物标志物联合使用来评估环境污染物对两栖动物和其他水生生物的暴露。

5. 金属硫蛋白与金属相关反应研究

蛙蟾类暴露于重金属后可诱导金属硫蛋白的产生，并且其水平与暴露浓度和暴露持续时间成比例，在某些情况下可高达对照值的 600 倍。因此，这些低分子量蛋白质是重金属暴露的灵敏的生物标志物。

第三节　昆虫类生态毒理学研究技术

一　昆虫生态毒理学的野外调查研究技术

在自然生态系统的复杂网络中，昆虫作为关键一环，其生存状态时刻牵动着生态平衡的弦。一旦在野外监测到昆虫中毒迹象，便仿若拉响了生态警报，这时必须即刻启动昆虫生态毒理学研究的全面程序，抽丝剥茧般深入探究昆虫中毒背后隐藏的真相，精准锁定中毒缘由。

昆虫中毒情形多样，依据毒性发作缓急与持续时长，可细分作急性、亚急性和慢性中毒三种类型，各有其独特表现与潜在诱因。慢性中毒宛如隐匿的生态杀手，它悄无声息，是那些有害物质在日复一日、年复一年的漫长时间里，缓慢且持续地在昆虫体内聚集，当累积的剂量跨越某个关键阈值，昆虫便遭受中毒的厄运，表现为身体机能渐进式衰退、行为模式异常等不易察觉却极具危害性的一系列变化。而急性中毒则如同一场突如其来的生态灾难，来势汹汹，毫无征兆，短短数小时内，大量昆虫密集死亡，多因一次性接触高浓度剧毒物质所致，像是大面积喷洒强效农药后的惨烈景象。

对于野外昆虫中毒原因的追踪溯源，是一套严谨且环环相扣的研究流程，涵盖以下五个关键步骤。

（一）污染源调查研究

这是揭开昆虫中毒谜团的首要钥匙。研究团队需在野外现场展开地毯式排查，对周边环境进行 360 度无死角的污染状况审视与取样行动。聚焦于邻近的农田，详查农药的施用历史与种类，包括过往使用的农药名称、剂量、喷洒频率，以及有无违规使用禁用农药等行为；对于附近水源，采集水样检测其中是否含有重金属、有机污染物等有害成分，追溯污水排放源头，查明工厂、生活污水有无直排现象；针对工业生产厂区，监测其日常运营中的气体排放，分析废气中可能夹杂的有毒化学物质，像化工厂排放的苯、甲苯等挥发性有机物，钢铁厂释放的二氧化硫、颗粒物等，细致入微地梳理出所有潜在污染源的脉络，为后续分析提供精准线索。

（二）生物学观察研究

在野外实地，研究者们化身敏锐的昆虫行为侦探，全神贯注地观察并翔实记录昆虫的一举一动及身体异状。倘若在短时间内目睹大量蜜蜂离奇死亡，它们的尸体呈现伸吻、腹部肿胀、虫体松软等典型特征，凭借专业经验可初步推测是遭遇了胃毒剂的毒手，此类毒剂经蜜蜂取食花蜜或花粉时进入消化系统，破坏其内部生理机能；反之，当观察到昆虫行动变得缓慢迟钝，肢体不时出现痉挛、抽搐的怪异症状，神经毒剂中毒的嫌疑便急剧上升，这类毒剂会精准干扰昆虫神经系统正常信号传导，致使其行为失控。杀虫剂中毒于人类身上可能引发恶心、头晕、头痛、浑身乏力、腹部绞痛等一系列全身性症状，昆虫中毒虽不涉及这般复杂主观感受，但其身体机能受损的内在机理却有相通之处，都能为研究者提供关键的诊断参考。

（三）化学分析研究

随着调查推进，化学分析成为锁定“真凶”的关键一环。一方面，从污染源处获取的水样、土壤样品和植物枝叶皆是重要检材，它们如同生态污染的“指纹”，记录着周边环境潜在有害物质的蛛丝马迹；另一方面，实地收集的昆虫尸体更是直接证据，通过对这些昆虫进行解剖，取其组织器官置于显微镜下观察，初步判断有无异常组织变化，再借助一系列精密的化学测试手段，如高效液相色谱、气相色谱-质谱联用技术等，精准测定其中所含化学物质成分与浓度，由此顺藤摸瓜确定有毒化学物的种类，是农药残留、工业污染物，还是其他新型化学毒剂，让隐蔽的有害物质无处遁形，为后续干预措施制定提供靶向依据。

（四）病理分析研究

在部分疑难复杂的中毒案例中，仅靠前序分析还不够，病理分析便成为了深入探究的关键利器。此时，专业人员会小心翼翼地取出中毒昆虫的消化道、马氏管、表皮等关键组织样品，运用专业的定性、定量测定方法，精确量化其中有害物质含量及组织损伤程度；同时制作用于显微镜观察的组织切片，细致观察细胞层面的病变情况，诸如细胞结构是否破坏、有无异常增生或坏死等，从微观视角洞察中毒对昆虫组织器官造成的深层次伤害；除此之外，还会对昆虫消化道或解毒器官（如脂肪体）内的内容物进行检测，分析其中所含毒素代谢产物，以及酶活性的改变情况，因为酶活性的异常往往能反映昆虫体内生理代谢受阻的关键环节，综合这些病理层面信息，拼凑出一幅完整的中毒损伤图谱，深度还原昆虫中毒的全过程。

（五）生理生化与分子水平研究

为进一步攻克昆虫中毒机理的最后堡垒，对于野外化学中毒的昆虫样本，生理生化和分子水平研究应运而生。在生理生化层面，通过一系列实验手段，测定昆虫中毒后体内新陈代谢的变化，如呼吸作用速率是否加快或减慢，能量物质生成与消耗途径有无偏离正常轨道等；同时，分析细胞内各类生物分子，如蛋白质、核酸、脂质等的表达与修饰改变，比如某些解毒蛋白是否被大量诱导合成，细胞膜脂质过氧化程度是否加剧等，从生物分子动态变化角度探寻中毒响应机制。而在分子水平，借助基因测序、基因表达谱分析等前沿技术，挖掘与中毒应答相关的基因序列，明确这些基因在昆虫遭遇毒物侵袭时如何被激活或抑制，其转录、翻译过程又受到何种精细调控，进而从遗传物质根基层面剖析昆虫中毒耐受性、敏感性差异的根源，最终搭建起昆虫中毒生理、生化与分子机制的完整理论架构，为后续制定精准、有效的生态修复与保护策略筑牢科学根基。

二 昆虫生态毒理试验的方法

昆虫生态毒理学试验是评估化学物质对昆虫生态毒性效应及其作用机制的关键手段，在植物保护领域中占据着举足轻重的地位。这些试验通常在人为可控的实验室条件下开展，以确保试验环境的高度稳定性和可重复性，从而能够精准地控制诸如温度、湿度、光照等各类环境因素，为昆虫提供一个相对单一且稳定的生存空间，便于观察和记录其受到化学物质影响后的细微变化。同时，为了更贴近自然环境，获取更具生态代表性的结果，微宇宙或中宇宙试验法也被广泛应用于野外环境之中。微宇宙试验是对特定生态环境进行一定范围的模拟和简化，将昆虫置于这种模拟的微小生态环境内，使其在接近自然的条件下面临化学物质的暴露；而中宇宙试验则是在更大的空间尺度上进行，更接近真实的野外环境状况。这两种野外试验方法能够充分考虑到自然环境中多种因素的综合作用，如复杂的生物群落关系、多变的气象条件以及多样化的栖息地等，有助于弥补实验室试验在生态真实性方面的不足，使试验结果更能够反映实际的生态毒性情况，是植物保护领域内评价农药药效的常用实验方法。

在昆虫生态毒理学试验中，研究人员需要依据不同环境污染物的特性，精心挑选昆虫种类及其发育阶段进行生态毒理学测试与剖析。这一过程犹如在微观世界中寻找线索，对昆虫与化学物质之间的复杂关系进行抽丝剥茧般的探究。例如，针对胃毒剂，由于其主要通过昆虫取食进入消化系统后发挥作用，因此应选择具有咀嚼式口器的昆虫作为供试对象，像蝗虫、家蚕等昆虫，它们在取食过程中会将胃毒剂摄入体内，从而产生相应的毒性反应。而对于内吸性杀虫剂，这种药剂需要先被植物吸收并在植物体内传导，当害虫取食植物组织时，其口器刺入植物组织吸取汁液，进而摄入内吸性杀虫剂导致中毒反应。所以，对于内吸性杀虫剂的试验，宜选择刺吸式口器害虫，如蚊、蝉、蝽象等。神经毒剂和触杀剂由于其作用机制的特殊性，在试验中适用于多种昆虫，只要昆虫接触到这些药剂或受到其神经毒性影响，就可能引发一系列可观察和分析的毒理学反应。

（一）选择实验昆虫的选择

实验昆虫的选择犹如为一场精密的科学探索之旅挑选合适的“主角”。实验人员需根据环境污染物的性质来确定供试昆虫种类。对于胃毒剂而言，咀嚼式口器昆虫是理想的试验对象，因为它们的取食方式使得胃毒剂能够充分与消化道接触并发挥作用。常见的蝗虫，其咀嚼式口器能够咀嚼植物叶片等食物，当胃毒剂被喷洒在植物叶片上，蝗虫取食时，药剂便进入其消化系统，从而产生毒性反应；家蚕同样是典型的咀嚼式口器昆虫，在桑叶上喷洒胃毒剂后，家蚕食用桑叶，胃毒剂便可在其体内引发相应的生理变化和毒性效应，便于观察和分析。

而内吸性杀虫剂的试验则需要选择刺吸式口器害虫。这类害虫在取食时会用口器刺入植物组织，吸取汁液。例如蚊，其幼虫在水中生活时会取食植物碎片等，若植物被内吸性杀虫剂处理，幼虫在取食过程中会吸入含有药剂的植物组织，进而中毒；蝉在吸食树液时，若树木被内吸性杀虫剂喷洒，树液中含有的药剂就会进入蝉体内，引发中毒反应；蝽象在刺吸农作物汁液时，同样会因摄入含有内吸性杀虫剂的汁液而受到影响。神经毒剂和触杀剂的作用机制较为广泛，它们可以作用于昆虫的神经系统或通过接触使昆虫中毒，因此适用于多种昆虫进行试验，无论是咀嚼式口器还是刺吸式口器的昆虫，在接触到这类药剂时都可能产生相应的毒理学反应，从而为研究提供丰富的数据来源。

（二）染毒时间的确定

染毒时间的确定是昆虫生态毒理试验中一个至关重要的环节。对于慢性毒性试验来说，其目的往往是模拟长期低剂量暴露下化学物质对昆虫的潜在危害，因此通常采用低浓度、低剂量和长时间染毒的方法。这种长期的染毒方式能够让研究人员观察到昆虫在较长时间尺度下的生理变化、行为改变以及繁殖能力等方面的影响，从而更全面地评估化学物质的慢性毒性效应。染毒时间或周期需要根据不同的试验目的而精确确定，有的试验可能只需持续几周，观察昆虫在短期内的生长发育和毒性反应；而有的试验则需要持续数月，以便深入探究化学物质对昆虫生命周期的长期影响，如对昆虫的寿命、繁殖代数以及种群动态等方面的作用。

此外，染毒时间的安排还可以根据昆虫的生长发育规律进行调整。在某些试验中，针对昆虫的某一个特定发育阶段进行染毒处理是必要的。例如，若研究目标是了解化学物质对昆虫幼虫期的影响，那么染毒处理就集中在幼虫阶段，观察其在这一关键时期的生长速度、蜕皮情况以及对食物的摄取量等指标；而在其他试验中，为了全面评估化学物质对昆虫的整个生命周期的影响，则需要从昆虫的卵期开始，贯穿其幼虫、蛹直至成虫的完整生命周期，甚至延续到数代昆虫，观察化学物质是否会在昆虫的遗传过程中产生累积效应或引发种群水平上的变化。若开展昆虫抗药性研究，往往需要对昆虫进行数代乃至更多代的染毒，通过持续的选择压力，直至筛选出具有耐药或抗药性特征的品系，为农药的合理使用和抗药性治理提供科学依据。

（三）染毒方法的选择

染毒方法的选择是依据毒物的化学性质、昆虫的食性和取食特点而综合确定的。不同的组合决定了采用不同的染毒策略，以确保化学物质能够准确地作用于昆虫，从而引发可观察和分析的毒理学反应。例如，以蝗虫为试验材料，进行神经毒剂毒性测试时，可采用在昆虫腹部体壁点滴药物的方法。这种方法能够直接将神经毒剂施加于蝗虫的体壁，使其通过体壁渗透进入体内，迅速作用于神经系统的靶标部位，从而引发相应的毒性反应，便于研究人员在短时间内观察到蝗虫的神经行为变化，如抽搐、麻痹等症状。

对于胃毒性化学毒物的试验，通常将待测化学物质配制成特定浓度的溶液，然后喷洒在禾本科植物叶片上，用这些经过处理的叶片饲养蝗虫。当蝗虫取食这些叶片时，胃毒剂便随着食物进入其消化系统，进而产生毒性效应。此外，也可以将待测毒物配制成一定浓度的溶液并浇灌植物，让植物吸收毒物后，再用这种染毒植物饲喂蝗虫，这种方法更接近自然环境中的农药施用方式，能够模拟害虫在田间取食被农药污染的植物时的暴露途径。同时，还可以利用微量注射器，直接将特定浓度的药物经由蝗虫口器注入其食道，这种方式能够精确控制药剂的剂量和注入位置，使药剂直接进入蝗虫消化道，快速引发胃毒作用，适用于对药剂胃毒效应的精准评估。另外，将药物直接通过蝗虫腹部体节之间的节间膜注入体腔也是一种可行的方法，通过这种方式，药剂能够直接进入蝗虫的体腔，与体内各组织器官接触，从而引发全身性的毒性反应，有助于研究药剂对蝗虫体内不同组织和器官的影响。

以蜜蜂为试验材料时，由于蜜蜂的食性和行为特点，染毒方法则有所不同。可将药物与糖水、蜂蜜或花粉混匀后饲喂蜜蜂。蜜蜂在采食这些含有药剂的饲料后，药剂会进入其体内，进而对其生理和行为产生影响。在饲喂后，研究人员可以对蜜蜂进行后续的毒理学指标观察和测试，如观察蜜蜂的飞行能力、采蜜行为、繁殖能力等指标的变化，以及检测其体内相关酶活性的改变等，从而全面评估药物对蜜蜂的毒性效应。

（四）染毒剂量的确定

对测试物选择合适的染毒剂量区间，是确保毒理学试验成功的关键因素之一。染毒剂量的确定需要综合考虑环境污染物在实际环境中的浓度水平以及试验的科学性和安全性。一般来说，环境污染物的染毒剂量应当尽可能与环境中的实际浓度相一致，以使试验结果能够真实反映昆虫在自然环境中可能面临的暴露风险。同时，为了确保试验的安全性和可重复性，最高浓度一般不超过半数致死剂量（LD_{50}）或半数致死浓度（LC_{50}）。这是因为超过 LD_{50} 或 LC_{50} 的浓度可能会导致超过 50%的昆虫死亡率，从而使得试验结果难以区分是急性毒性导致的大量死亡还是其他慢性毒性效应引发的生理变化，也可能会对试验系统造成过大的冲击，影响试验的正常进行。

在染毒后，选择合适的时间节点进行观察和取样检测同样至关重要。不同的化学物质在昆虫体内产生毒性反应的速度和持续时间存在差异，因此需要根据试验目的和化学物质的特性制定详细的时间表。例如，对于一些快速起效的神经毒剂，可能需要在染毒后的短时间内（如数小时）就开始观察昆虫的行为变化，而在后续的几天内持续监测其生理指标的变化；而对于具有慢性毒性的化学物质，则需要在较长时间尺度上（如数周甚至数月）进行定期取样检测，以观察其对昆虫生长发育、繁殖以及种群动态等方面的长期影响。通过在不同时间节点获取数据，能够更全面地了解化学物质的毒性效应随时间的变化规律，为准确评估其生态风险提供有力支持。

（五）观察与和研究指标

在昆虫毒性试验中，通常会依据卵的孵化率、不同虫态的死亡率、畸形率以及中毒昆虫的性别比例等关键指标进行分析。为了确保这些指标的准确性和代表性，必须使用充足的样本数量。在进行试验时，需要设置多个浓度组，并确保试验条件（如温度、湿度、光照）的标准化，以获得可靠的数据。

在形态结构上，有害物质常常使昆虫的组织和器官产生损伤，如表皮、消化道不同区段和肌肉等的结构异常，这些损伤效应可通过光学显微镜、扫描电镜以及超微电镜等工具进行详细观察与分析。

在生理生化和分子水平上，主要进行以下方面的研究。

第一，研究昆虫的代谢抗性，即解毒酶活性增高对毒物产生的抗性。代谢抗性涉及的三大主要解毒酶系有细胞色素 P450 单加氧酶系（CYP450s）、非特异性酯酶系（NSE）和谷胱甘肽 S-转移酶（GSTs），通过测量这些解毒酶的活性，我们可以深入探究昆虫对特定有毒物质的毒性反应及其抗性程度。

第二，对于神经毒剂类化学物，染毒后要观察昆虫的行为，进一步分析昆虫体内乙酰胆碱酯酶为代表的神经传导通路上相关酶类的活性。

第三，对于胃毒剂，染毒后应分析消化道内抗氧化酶、酯酶等解毒酶的活性。

第四，从分子水平研究昆虫体内与毒物解毒相关的酶或基因的表达变化。例如，在重金属胁迫下，果蝇体内与重金属解毒和抗性有关的金属硫蛋白（MT）基因，呈现重复表达的现象。

近年来，昆虫分子生态毒理学领域的研究发展快速，从基因表达水平研究环境污染物对昆虫的毒性作用机理已成为其热点，组学技术（基因组学、毒理组学、转录组学、蛋白质组学、代谢组学等）在昆虫生态毒理学研究中也将发挥重要作用。

第四节　鸟类生态毒理学研究技术

鸟类是自然生态系统中重要的生物类群和十分宝贵的自然资源，是很多农业害虫和害兽的天敌。鸟类在保护农业生产和维护生态平衡方面起到重要作用。此外，鸟类在科学研究上如生物的进化、种子的传播、仿生学等方面，都具有极高的研究价值。

鸟类凭借其广泛的分布、多样的种类及鲜明的特征，成为研究最为深入且频繁的动物类群之一，同时，它们对栖息地变化及环境波动的敏感度也极高。鸟类的生存繁衍，全然依赖于从周遭环境中获取食物及其他生存必需之条件。鸟类只有在适宜的条件下才能生存。温度、空气、水、食物等条件的变化，都直接或间接地影响鸟类的栖息、繁衍，促使鸟类的转移、迁徙，甚至造成死亡。环境的变化直接影响着鸟类的兴衰存亡。

自 20 世纪 50 年代以来，由于双对氯苯基三氯乙烷（DDT）和铅（Pb）等污染物对环境的影响，鸟类种群数量经历了显著下降。随着学科的发展，生态毒理学家提出鸟类生态毒理学的研究框架，主要包括特定生态系统鸟体内污染物的含量水平、积累特征和暴露标志物研究和污染物对鸟类的危害甄别研究两个方面。由于栖息环境及食物是影响鸟类从环境中获得污染物的两个重要的因素，因此，诸如栖息地考察和食源分析等常规的生态学调查，同样是鸟类生态毒理学研究中不可或缺的一环。

一 鸟类食性与营养级研究

食物是环境中的各种环境污染物进入鸟体的最重要的渠道和载体。鸟类摄食的食物种类及每种食物的比例也直接决定了其在食物链中所处的营养等级。因此，食性研究在鸟类的生态毒理学研究中具有重要的地位，是了解鸟体内环境污染物来源的重要手段。同时，食性研究在揭示环境污染物通过食物链传递的行为机制方面起着至关重要的作用。对鸟类的食物种类进行定性和定量的评价，目前常用的主要有以下研究方法。

（一）直接观察法

直接观察法指观察者与鸟类之间相距一定距离，然后利用望远镜或者采用摄像技术进行观察和监测，记录鸟类采食各种食物的时间和次数，根据观察的结果确定食物的组成。该方法的优势在于能够凭借简易的设备直接观测鸟类的取食行为，据此大致推断其食物构成。然而，该方法的局限在于食物种类的鉴定及量化过程不够精确，且难以辨析同一区域内不同鸟类留下的取食痕迹，因此仅适用于单一鸟类在独立活动区域的食性探究。

（二）粪便检测法

粪便检测法包括粪便显微分析法和粪便 DNA 分析法。

粪便显微分析法是通过显微镜对鸟类的粪便进行显微组织学分析，基本原理是根据粪便中难以消化的食物碎片来确定鸟类取食食物的种类和数量。这种方法的优点在于取样灵活，不受数量限制，对于濒危野生鸟类的食性研究而言，既有效又准确。然而，它也存在一些限制因素，包括实验人员的甄别能力、鸟类的食物消化程度以及样本量的多少，这些因素都可能对研究结果产生影响。

粪便 DNA 分析技术以鸟类粪便为实验材料，利用分子生物学的聚合酶链式反应（PCR）技术手段研究鸟类粪便中的 DNA，获取有关的遗传信息。该方法的优点是即使粪便中含有极微量的DNA，都可以利用PCR技术使其扩增，然后鉴定鸟类食物的种类，取样方法不会对鸟类产生任何危害。粪便采集相对简便，无需复杂处理即可获得丰富的样本材料。但这种方法也存在局限性：首先，粪便中的食物细胞会发生不同程度的降解，使提取到的DNA数量减少，很难鉴别，会产生较大的误差；其次，该方法只能定性鉴别，无法进行定量分析。

另外，DNA分析不仅需要庞大的样本量，导致工作量繁重，而且粪便中DNA的提取方法普遍适用性欠佳，提取出的DNA纯度亦不理想，特别是该方法并不适宜于水鸟类食性研究的应用。

（三）束颈法与胃容物分析法

束颈法和胃容物分析法具有一定相似性，都是通过提取鸟类在消化之前的食物信息来获得鸟类的食物来源和组成。

束颈法是使用橡皮筋拴住幼鸟的颈部，使亲鸟喂的食物不能被吞食，以便取出观察鉴定的方法。

胃容物分析法主要通过对胃内容物的分析来确定鸟类所采食的食物种类和数量。分析结果通常以体积百分比或干重百分比来量化，有时也通过计算某种食物在所有样本中的出现频率来呈现。

束颈法和胃容物分析法虽简便直观，但要准确揭示食物的来源和组成，仍需大量样本进行统计分析，且往往难以全面覆盖鸟类在自由生活状态下的食物种类。胃容物分析法还需要将鸟处死，这对濒危物种的分析显然不利。

（四）稳定同位素技术

传统的鸟类食性分析方法均能直接反映一定时间尺度下鸟类的主要食物来源，但这些方法也均表现出一定的时空偶然性，不能充分反映食物在能量流动过程中的同化比例。稳定同位素技术则可以克服传统食性研究方法的不足，在确定动物的食物来源、分析食物链、食物网和群落结构以及用于追踪动物迁移活动等方面有其独特的优势。自20世纪70年代稳定同位素技术引入生态学领域以来，在研究动物食性和营养级结构方面展现出强大的发展潜力和广泛的应用前景，已成为研究动物食性及营养级结构不可或缺的重要技术手段。

受生理、技术等因素的影响，目前能够应用于食性分析的稳定同位素主要是C和N的稳定同位素，即^{12}C和^{13}C以及^{14}N和^{15}N。其中稳定碳同位素［$\delta(^{13}C)$，表征^{12}C和^{13}C的相对含量的一个指标］在营养级间传递时产生的分馏效应不明显，捕食者碳同位素比值与其食物非常接近，因此主要用于指示食源。稳定氮同位素［$\delta(^{15}N)$，即反映^{14}N与^{15}N相对含量的指标］随营养级的变化，其分异现象显著，因此更多地被用来评估消费者在食物网中的营养级（TL）位置❶。

一般而言，对于鸟类取食造成的营养级富集因子可通过严格的室内控制实验准确获取。但在实际的研究过程中，并非都是通过室内方法得到。在相似的生境类型、取食习性和个体大小条件下，同一科属鸟类的营养级富集因子差异并不显著，这与对重金属在食物网中分布特征的研究结果一致。

鸟类不同组织的代谢速度不同，不同组织的稳定同位素分馏水平和转化周期也不尽相同。因此，不同组织间的稳定同位素组成并不相同，所反映的信息也不尽相同。在样品采集时应根据不同的研究目的，采集不同的组织进行分析。通常而言，食物在被消化吸收后，会首先进入血液，随后在各组织间分布，并最终沉积于骨骼之中。因此，血清中的稳定C同位素往往反映短期的食源信息；而肌肉和骨骼则反映中期和长期的食源信息。鸟蛋反映产卵期雌鸟的食性信息，雏鸟组织反映育雏期间的食物信息。此外，鸟具有换羽的习性，换羽都具有一定的规律性，因此利用不同的羽毛也可反映不同时间尺度下鸟的食物信息。

利用稳定同位素计算各种食源的贡献，可利用如下方程求解。

$$\delta X_{\text{捕食者}}=\sum_{i=1}^{n}[f_i(\delta X_{\text{食物}}+\Delta X)] \tag{3-1}$$

$$\sum_{i=1}^{n}f_i=1 \tag{3-2}$$

式中　$\delta X_{\text{捕食者}}$——捕食者稳定同位素组成；

f_i——第i种食物的贡献率；

$\delta X_{\text{食物}}$——第i个食源的稳定同位素X的值；

ΔX——稳定同位素X在食源与捕食者之间的营养级富集因子。

依据所测量的同位素种类，可以确定使用何种数学方法来估算食源的数量。从式(3-1)和式(3-2)可以看出，若只测捕食者及食源中的一种稳定同位素的值，则可组成两个方程，可确定两种食物的贡献；若测得捕食者及其食物中的两种稳定同位素值，则可组成3个方程，可确定3种食物的贡献。

在实际应用中，通常需要结合多种方法以获得更为精确的结果。

二　环境污染物的残留、积累与暴露标志物

为了确定特定生态系统（如重污染地区、功能脆弱的生态系统和自然保护区

---

❶　孟紫强．生态毒理学［M］．北京：中国环境出版集团，2019：355-360.

等）中环境污染物是否对鸟类产生生态毒理效应，要采集在该区域的野生鸟类，测定鸟体内的环境污染物残留水平。在采集野生鸟类样本时，需注意：①目标鸟类应非国家保护级别，且通常为当地常见种类；②采样对象多为留鸟；③采样活动（涵盖成鸟、幼鸟、雏鸟及鸟蛋等）需确保不对该鸟类种群数量的稳定性造成负面影响；④所选鸟类应具有较强的广布性，以便于研究结果与其他研究进行对比分析。此外，野生鸟类的采集应经过当地林业公安部门的许可，采集方法（包括处死方法）应经过动物伦理委员会认可。

由于不同环境污染物的理化性质（如亲脂性和水溶性）的不同，它们在鸟体内的消化、吸收、转化和排除过程存在差异，这些环境污染物在鸟类的不同器官和组织中的分布呈现出差异性。此外，由于不同鸟类的营养级、食物组成和特性、对环境污染物的转化和代谢能力等存在差异，鸟类对环境污染物的积累特征不仅存在种间差异，还可能存在种内差异。

因此，鸟类对环境污染物的积累特征研究主要包括：①不同生态系统（水生和陆生）鸟类对环境污染物的积累特征研究；②环境污染物在鸟体内的组织分布研究；③鸟类对环境污染物的生物转化和代谢作用对环境污染物积累的影响研究；④环境污染物在鸟体内可能的生物放大效应研究；⑤环境污染物之间的相互作用对其在鸟体内积累的影响研究；⑥鸟类的食物组成对环境污染物积累的影响；⑦鸟类性别、年龄和健康状况等因素对环境污染物积累的影响。

暴露标志物研究同样是评估鸟类环境污染物积累情况的关键环节。鸟类暴露标志物研究主要测定鸟体内特定环境污染物（或该环境污染物与鸟体内内源性物质相互作用的产物）或与特定环境污染物暴露有关的指标。例如，Pb 对鸟类血液中 δ-氨基酮戊酸脱水酶（ALAD）和亚铁络合酶具有抑制作用，鸟类血液中 ALAD 或原卟啉Ⅸ（PPⅨ）含量水平可以作为 Pb 污染暴露标记物。由于重金属离子影响或阻断呼吸链、电子链传递或酶促反应等体内正常生理代谢，导致机体内活性氧种类（ROS）增加，从而诱导或抑制抗氧化酶类的活性，故抗氧化酶类也可以作为重金属的暴露标志物。其中，抗氧化酶类主要包括超氧化物歧化酶（SOD）、过氧化氢酶（CAT）以及谷胱甘肽还原酶（GR）等重要成员。

与细胞色素 P450 相关的混合功能氧化酶活性对 PAHs、PCBs 和 PBDEs 等有机化学污染物极为敏感，这些有机化学污染物暴露可诱导 P4501A1（CYP1A1）水平及活性。此外，PAHs 和 PCBs 等有机化学污染物暴露还可诱导谷胱甘肽-S-转移酶（GST）、SOD 和谷胱甘肽过氧化物酶（GSH-Px）活性。众多环境污染物在生物体内代谢后会生成亲电活性产物，这些产物能与 DNA 链上的特定位点结合形成DNA加合物，进而影响DNA的结构与稳定性，最终造成DNA分子损伤，诱发突变乃至肿瘤的形成。

因此，DNA的损伤，特别是多环芳烃-DNA加合物的形成，可作为一种重要的标志物，反映了多环芳烃暴露的生物标志物，其致突变作用和对DNA复制的影响已被广泛研究。

三 环境污染物对野生鸟类的暴露

研究环境污染物对鸟类生态毒理效应，先要确定环境污染物可能对鸟类产生哪些毒害作用。环境污染物对鸟类的毒性效应主要通过实验室暴露研究和野外研究（有时两者相结合）进行，探寻环境污染物的一般毒性作用，如急性毒性、亚慢性毒性、慢性毒性及积累毒性，以及潜在的致突变和致癌作用等。

（一）实验室暴露

1. 实验室暴露的染毒方式

实验室研究环境污染物对鸟类的毒害作用时，实验鸟类的染毒方式主要有3种：喂饲染毒、静脉注射染毒和胚蛋注射染毒。

（1）喂饲染毒

喂饲染毒是将目标环境污染物配制成一定浓度的溶液（溶剂应该低毒性或无毒，常用的有二甲基亚砜、水等），再将该溶液拌入鸟类的饲料或饮用水中，按一定剂量使鸟类自行摄入含环境污染物的饲料或水。为确保准确计算每只鸟摄入目标环境污染物的剂量，通常需要将鸟类单独饲养于笼中。饲喂染毒的优点是鸟类对环境污染物的摄入方式与野生鸟类相近，且该方法简便、易操作。但是由于鸟类进食时可能浪费、损失饲料，在计算暴露剂量时不是非常准确。此外，如果环境污染物造成饲料的适口性差，鸟类可能拒食。当目标环境污染物在室温下易挥发，或在饲料中和水中易水解，则计算的暴露剂量也不准确。此种方法适用于受试鸟类样品数较多、多日染毒的毒理学实验。

（2）静脉注射染毒

对经胃肠途径较难吸收的环境污染物，或为了得到精确的暴露剂量（如在进行环境污染物在鸟体内的积累动力学或代谢动力学研究时），常采用静脉注射途径染毒。静脉注射暴露一般适用体型较大的鸟类。注射部位一般取尺静脉，而翅膀未发育的幼鸟则可取颈静脉。为确保安全并避免血肿，需合理选择静脉注射的针头规格与注射量，同时推注药物时需保持速度平缓。

（3）胚蛋注射染毒

在进行环境污染物的生殖毒性或致畸效应研究时，常采用胚蛋注射染毒。按注射部位的不同，胚蛋注射染毒可分为卵白注射、卵黄囊内注射、羊膜腔注射、尿囊注射、尿囊血管注射和气室注射等。因卵白和气室离胚胎较远，卵白注射和气室注射不会对胚胎产生太大的应激作用，且这两种方法操作上较为简便，应用较为广泛。卵黄囊内注射、羊膜腔注射和尿囊血管注射可以提高目标环境污染物在鸟类胚胎的吸收效率，可以快速检测到环境污染物对胚胎的毒性效应，但注射操作技术上要求更高。

2. 实验室暴露的剂量

急性毒性试验的暴露剂量设计应以导致受试鸟类死亡为终点，确保设计足够的剂量组，并且剂量组之间应有适当间距（一般相差一个数量级），以满足化学农药环境安全评价试验准则。对于积累毒性作用、亚慢性毒性作用和慢性毒性作用，暴露剂量的选择应基于能够使受试鸟类组织中的环境污染物含量与野生鸟类组织中该污染物含量相近的原则，同时考虑不同组织的分布差异和生物富集效应。

3. 毒性终点

因为大多数环境中环境污染物的含量还没有达到对鸟类的致死浓度，研究环境污染物对鸟类的毒害作用时，人们尤为关注环境污染物对鸟类的积累毒性、亚慢性和慢性毒性，对于环境污染物对鸟类的毒害作用研究的毒性终点主要集中于生殖毒性和环境污染物对鸟类行为的影响。

在研究环境污染物对鸟类生殖毒性的影响时，研究者通常关注一系列毒性终点，包括窝卵数、卵的形状和大小、卵壳的厚度、卵的孵化率、胚胎的致死率、雏鸟成活率、幼鸟成活率、雏鸟的性比以及成鸟的产卵和孵卵时间。例如，多氯联苯等化学物质已被发现会影响鸟类的发声系统，进而可能影响其生殖繁衍。此外，全氟辛烷磺酸（PFOS）等有机污染物对鸟类生殖系统的不良影响也已被研究证实，如影响生殖细胞质量和性激素水平。

环境污染物对鸟类行为的毒性影响，体现在多个方面：①对于成鸟，涉及筑巢、求偶、育雏、鸣叫及迁徙等行为；②对于雏鸟，则包括乞食行为、对亲鸟召唤的反应、对恐吓刺激的应对等；③对于幼鸟，可能表现出正位、平衡、深度感知、高温躲避、进食速度及亲鸟或同类辨识等能力的异常。

（二）野外暴露

环境污染物对鸟类的毒害作用研究中一个普遍关注的问题是实验室毒理实验

得到的结果是否可以运用到野生鸟类。对 Pb 的鸟类生态毒理学研究发现，实验室暴露试验结论基本与野外观测到的结果相符。然而，鉴于野外环境的复杂性，多种环境污染物的共存可能导致它们对鸟类产生交互作用（如协同或拮抗效应），从而使得野外观测到的毒害程度与实验室结果有所出入。例如，野外环境中当 Se 和 Ca 的含量较高且鸟类的食物中蛋白质含量丰富时，Pb 对鸟类的毒害作用可能比实验室暴露试验的结果要轻；铁缺乏会加重机体铅的积累和毒性。另外，野外暴露研究还揭示了一个有趣的现象：亲鸟的精心照护能在一定程度上缓解环境污染物对雏鸟或幼鸟的毒害影响。例如，实验室暴露试验显示，Hg 可以影响雏鸟的觅食积极性和对食物的吞咽速度，从而造成幼鸟生长发育缓慢。野外暴露研究发现，Hg 污染区某些雏鸟的乞食积极性和吞咽食物的速度确实下降，但亲鸟在喂食这些雏鸟时，有意对受影响的个体增加喂食量，从而减轻了 Hg 暴露对这些个体的生长发育的影响。

第五节 微生物生态毒理学研究技术

微生物作为地球上不可或缺的三大生物类群之一（与动物、植物并驾齐驱），在自然界中扮演着举足轻重的角色。在当今的科学与社会发展条件下，建立和发展微生物生态毒理学学科已势在必行。一方面，微生物作为地球生物圈的重要组成部分和食物链的关键环节成员，在维持生态平衡和自然界的物质循环方面发挥着极其重要的作用。一旦微生物遭受环境污染物的大肆侵袭，生态平衡的微妙机制将面临崩溃，物质循环链也将因此断裂，为自然界乃至人类社会带来难以估量的浩劫。另一方面，部分微生物及其所释放的有毒物质，犹如自然界的隐形杀手，长期以来一直是人类与动植物生存的严重威胁。

微生物生态毒理学专注于探究有毒有害因子，尤其是环境污染物对微生物的毒理效应及其机制，同时也致力于研究微生物作为生物污染物对生态环境，尤其是对其他生物的毒理影响，并在此基础上提出有效的防治策略。微生物生态毒理学是生态毒理学的一个重要组成部分。

近年来，旧的病原微生物死灰复燃，新的病原微生物不断出现，由微生物产生的各种毒素，如肉毒毒素、黄曲霉毒素、橘霉素等，更是让人望而生畏。基于生态毒理学的理念，微生物生态毒理学作为一门新兴的分支学科，专注于研究环境污染物对微生物的毒理效应以及病原微生物对其他生物的毒理作用。这一领域的研究不仅对维护生态平衡和保护自然环境至关重要，而且对于保障人类健康具有深远的影响。

一 采集样品与微生物计数

（一）采集样品

采集样品是进行微生物生态毒理学研究的第一步。依据研究目的和对象不同，采集样品时要求采用不同的操作方法。通常而言，土壤与污泥样品的采集并不严格要求无菌操作，但需特别注意采样区域及深度，鉴于这些样品微生物含量丰富，空气或采样工具所带入的微生物影响相对较小，可忽略不计。对于水体样品的采集，应根据水体清洁程度而定，水体若浑浊且微生物含量高，可直接进行采集；若水体清澈且微生物含量低，则需通过滤纸过滤浓缩，同时确保容器与过滤器无菌，执行无菌操作。空气样品的含菌量一般低于 10^3 个/m^3，采集时也要求无菌操作并进行滤纸过滤浓缩。从生物体上采集微生物样品，通常要求用无菌溶液把离体生物组织中的微生物洗涤下来。样品采集后，原则上应立即开展研究，若无法即时分析，可暂存于冰箱中，但保存时间不宜过长，否则需重新采样。

（二）微生物计数

样品中微生物的种类和数量与环境污染物种类及毒性作用密切相关，因此统计微生物的总量及各类微生物的数量是首先要得到的数据，从中可以获得微生物生存状况的相关信息。传统的微生物计数方法主要有直接计数法、活菌计数法及最大或然值法。

1. 直接计数法

直接计数法又称为显微镜直接计数法，是将微生物悬浮液置于显微镜下对微生物直接读数的方法。依照计数结果和稀释倍数计算微生物数量。如果菌悬液中的固体杂质过多，则不能采用直接计数法。

2. 活菌计数法

检测样品中具有繁殖能力的微生物数量，可用活菌计数法（CFU 法）。CFU 方法是基于一个微生物细胞在固体培养基上会繁殖成一个肉眼可见的菌落而设计的。该方法旨在测定样品中可培养的微生物活菌数量，适用于真菌、放线菌及细菌等多种微生物总量的精确量化。CFU 法所测数值有可能偏低，因为有可能两个以上的单细胞形成一个菌落。此外，如果培养条件不适，某些微生物便不能生长或生长速率很慢，从而被遗漏。

3. 最大或然值法

为了研究生态系统中微生物群落的结构与功能，有必要进行各种微生物数量的测定。采用最大或然值法（MPN 法，又称稀释培养测数法），适用于测定在一个混杂的微生物群落中虽不占优势，但具有特殊生理功能的类群。其特点在于，通过选择性利用待测微生物的特殊生理功能，有效排除其他微生物类群的干扰，并依据该生理功能的表现来判定这类微生物的存在状况及丰度。MPN 测数是将待测样品作一系列稀释，一直到将少量（如 1mL）稀释液接种到装有新鲜培养基的试管中，经一定时间培养后（一般在 7d 左右）没有或极少出现生长繁殖。依据最低无生长稀释度和最高生长稀释度的数据，运用“最大或然数”原理，能够估算出样品单位体积内的微生物数量。该方法可以用于样品中诸如好氧异养菌总量、厌氧异养菌总量、硝化反硝化菌总量、硫酸盐还原菌总量等的定量测定。

二　富集培养、菌种分离与微生物鉴别

所谓富集培养就是根据研究目的，用一定的选择性培养基进行培养，在培养条件下，把样品中所含的特殊微生物的数量扩大，以便于分离纯化和分析研究。如果样品中含有被研究的微生物数量太少，可进行富集培养。

样品中的微生物常以群落状态存在，这种群落往往是不同种类微生物的混合体。即便经过了选择性的富集培养过程，所得培养物中依旧包含多样化的微生物种类。如果想要研究某种微生物的特性、毒性及在生态环境中的作用与功能，必须从这些混杂的微生物体系中获得纯培养物。微生物分离纯化的常用方法有划线分离法和稀释平板分离法（具体操作步骤参见微生物学实验技术书籍）。

凡是以微生物为材料进行的研究活动，都需要鉴别微生物的种类。传统的微生物鉴别手段包括利用光学或电子显微镜来观测微生物的细胞形态和结构特征，并结合生理生化试验来进行分类与鉴定。由于微生物种类很多，包括细菌、放线菌、真菌、原生动物等，各类微生物在形态和生理生化特性上展现出显著差异，每种微生物均拥有独特的分类鉴定体系和方法，如需鉴别，请参考相应的微生物分类鉴定手册。

三　环境污染物对单一纯种微生物毒性作用的研究

在研究环境污染物对微生物的毒性作用及其机理时，存在是针对某一种微生物，还是针对不同微生物组成的特定微生物群落的问题，在研究方法上存在显著差异。同一种环境污染物对不同种类的微生物有着不同的作用，一种微生物的有

毒因子，可能是另一种微生物的营养物质。不同环境污染物对同一种微生物的作用更是千差万别。因此，在探究环境污染物对微生物的毒性作用及其机制时，需针对不同种类的微生物开展专门研究。

（一）环境污染物对环境中微生物毒性作用的研究

进行微生物毒性作用研究时，通常要经过样品采集、微生物计数、富集培养、分离纯化、分类鉴别，并在此基础上进行污染物种类、浓度对单一纯种微生物的毒理学效应及机理分析试验。一般来说，对环境中微生物毒性作用的研究工作是在实验室内进行的。首先研究环境污染物对微生物的致死浓度、杀菌率。在确定毒性作用之后，通过形态观察、代谢产物分析和遗传特性分析进行毒理学机理研究。

1. 形态观察

形态观察包括菌落、细胞、亚细胞结构和超微细胞结构的形态观察。在固体培养基上由同一微生物细胞组成的菌落常常呈现特征性的形态，如散射状、梅花状、馒头状等，通过肉眼观察可直接看到这些菌落的形态变化。微生物细胞形态呈丝状、杆状、球状、弧状、螺旋状等，需经显微镜观察；而亚细胞结构和超微细胞结构则在电子显微镜下才能看到。环境污染物有时会导致微生物形态发生显著变化，而有时则无明显形态改变，仅引起生理及遗传学特性的微妙变动。

2. 代谢产物分析方法

常用的代谢产物分析方法有色谱法、质谱法、色质联用法、核磁共振法。色谱法包括气相色谱法、液相色谱法，其检测特点是需要标准品，所以不能用于无标准品的产物测定。红外线色谱法、质谱法、核磁共振法能够分析代谢产物的分子结构。而色质联用法既可检出代谢产物的种类，又可测定它们的数量。放射性元素示踪法，是跟踪监察代谢过程的有效研究方法。

3. 蛋白质分析方法

蛋白质种类、数量与代谢活动密切相关，应用凝胶电泳或色谱柱分离可以测定蛋白质的种类与数量，而通过酶活测定则可得到某种代谢活动是否受阻的信息。

4. 基因分析方法

通过基因测序并与相关基因文库比对，也可通过分子杂交确定 DNA 的变化位点，再结合蛋白质与代谢产物分析，便可以确定基因受损的情况。

（二）环境污染物对模式实验微生物毒性作用的研究

为了深入研究环境污染物的毒性程度、对环境的污染状况以及诸如致突变、致癌和致畸等毒性效应，人们广泛采用了一系列完全标准化的微生物或菌种作为模式实验对象，在毒理学测试或研究中加以应用，这些试验的研究成果不仅广泛应用于环境毒理学、食品毒理学、卫生毒理学等多个毒理学或医学、生物学领域，而且同样适用于生态毒理学领域，特别是可直接应用于微生物生态毒理学对环境污染物的生态毒性作用及其机理的研究，也可以应用于环境污染物对生态系统的污染水平及其转归的估算或预测预报，从而直接服务于生态修复或治理。以下对沙门氏菌回复突变试验（亦称 Ames 试验）进行阐述。

Ames 试验主要用于对环境污染物遗传毒性作用的检测，特点是比较快速、灵敏、价廉、简便，且不但可测试单一污染物，而且适于测试混合物，可反映多种污染物的综合效应。Ames 试验可对大气环境、水环境、土壤环境中的污染物进行致突变作用的检测，应用非常广泛，已被世界各国广为采用。

Ames 试验所应用的菌株为鼠伤寒沙门氏菌的组氨酸营养缺陷型（his-）菌株。该菌株在含微量组氨酸的培养基中，只有极少数自发回复突变的细菌，形成在显微镜下才能见到的、很少的微菌落。然而，一旦环境致突变物发挥作用，大量细菌会发生回复突变，从而获得自行合成组氨酸的能力，进而在缺乏组氨酸的培养基上迅速繁殖，形成肉眼可见的众多菌落。对于那些需经代谢活化才有致突变作用的环境污染物，可在测试系统中加入哺乳动物肝脏的微粒体酶以弥补体外试验缺乏代谢活化系统的不足。

Ames 试验推荐的测试菌株主要是 TA97、TA98、TA100 和 TA102。在试验开始之前，需对菌株的基因型和生物学性状进行严格鉴定，确保其符合要求后方可用于后续试验。鉴定项目主要有脂多糖屏障丢失（rfa）、R 因子、紫外线损伤修复缺陷（△uvrB）、自发回变率。

Ames 试验的常规方法有斑点试验和平板掺入试验。斑点试验主要用于对受试物进行致突变性的定性分析，即判断其阳性或阴性；而平板试验则能进一步对受试物的致突变性进行定量分析。平板试验一般对受试物设 4～5 个浓度，同时设阴性和阳性对照，重复 3 次，培养 48h，计算各皿回变菌落均数与各阴性对照皿自发回变菌落均数之比，为致变比（MR）。MR 值≥2，且有浓度-反应关系，则判为该受试物为致突变阳性。

四　环境污染物对微生物群落影响的研究

在自然环境中，微生物通常是以群落的形态出现，由各种群落成员形成的共代谢表现出其生态学功能。环境污染物对微生物群落中各成员的毒性作用存在差异，这种差异导致微生物群落结构与功能的相应变化。目前对于微生物群落结构与功能的研究，最有效的方法是基因分析技术、生理生化分析技术以及组学技术。

（一）基因分析技术

微生物分子生态学方法不仅突破了纯培养的局限性，还以其快速的分析速度和丰富的信息量，尤其适宜于对复杂微生物群落结构进行连续的动态剖析，进而深入揭示群落结构与生态功能之间的内在联系。微生物分子生态学产生与应用极大地推动了微生物生态毒理学的发展，使人们能够从分子水平阐述微生物的毒理学效应与机理。

由于微生物混合群落包含多种基因组的 DNA 分子，分析其混合物的组成需要依赖能够体现每个基因组基本特征的序列片段，一般称为标记序列。目前，用于微生物群落结构分析的基因组 DNA 的序列信息（标记序列）包括三种：①进化指针序列，例如，核糖体小亚基基因序列（16S/18SrRNA 基因序列）；②各种功能基因的序列，如氨氧化菌群的氨单加氧酶基因 *amoA*；③随机扩增的基因组序列。针对群落结构的分析，主要采用以下三类技术：克隆文库分析技术、分子杂交技术以及遗传指纹图谱技术。

1. 分子杂交技术

分子杂交技术利用已知的核酸标记序列作为探针，通过特异性地识别和结合目标微生物的核酸序列，实现对特定微生物种类的存在及其种群水平的检测。这种方法快速、灵敏，它不仅能定性地揭示环境微生物中的特殊核酸序列，还能通过光密度测定法，对核酸杂交产生的阳性条带或斑点进行定量比较，从而得出精确结果。

核酸标记探针可直接探测溶液中、固定在膜上、细胞或组织内的同源核酸序列。例如，把放射性标记的胸腺嘧啶投入到活性污泥处理系统中标记细菌，然后提取活性污泥的总 DNA。将特定细菌的特异性核酸探针固定于杂交膜上，同活性污泥总 DNA 进行杂交，根据放射性强度可以定量分析特定细菌的 DNA 量，运用这一方法进行了活性污泥中特定细菌种群的动力学研究。需要指出的是，分子杂交技术的应用前提是需具备已知微生物种类的标记序列作为探针，因此，该技术不适用于大量未知种类的微生物样品的研究。

2. 克隆文库分析技术

通过构建群落样品总基因组 DNA 的文库，分析文库中标记序列的类型和出现频率，可以得到微生物群落中种群组成的分析数据。如果是用 16SrRNA 基因做标记，可以通过与 GenBank 和 RDP 数据库中已有序列数据的比对，鉴定出各种序列类型的细菌分类地位，许多序列可以鉴定到种的水平。该方法虽然能有效鉴定微生物群落多样性特征，如同进行“人口普查”般详尽，但因其工作量大、成本高，故不适用于微生物群落结构变化的动态跟踪研究。

3. 遗传指纹图技术

利用PCR技术扩增标记序列，然后通过一定的电泳、色谱等技术把扩增产物解析成具有特定条带特征的图谱。一般每个条带（或峰）可以看作一个微生物类群，条带的染色强度（或峰下面积）可以反映这个类群的数量水平的高低，这样，一个样品的微生物群落组成就可以通过一组条带组成的图谱（指纹图）反映出来。这类技术也叫“微生物群落指纹图分析技术”。

用于群落结构分析的指纹图技术很多，最常用的是16SrRNA或18SrRNA基因序列多变区的扩增以及变性梯度凝胶电泳（DGGE）或温度梯度凝胶电泳（TGGE）分析技术。16SrRNA与18SrRNA分别作为细菌和真菌的核糖体RNA标志，其基因序列内含有能体现种属特征的可变区，这些可变区成为我们对群落微生物进行同源性分析的重要依据。通过特异性引物的PCR扩增技术，我们能够获取微生物自然群体中16SrRNA或18SrRNA基因的DNA片段，这些片段长度一致但序列各异，形成复杂的混合物。然后用DGGE/TGGE电泳分离扩增产物混合物。基于序列不同的产物，其GC与AT碱基对的比例与分布不同，在DGGE或TGGE电泳过程中的解链程度也不同，而产物解链程度又直接影响其泳动迁移率，进而在凝胶上得到分离。通过凝胶成像系统便可得到特征性的DNA图谱。

（二）生理生化分析技术

环境污染物不仅会影响微生物的群落结构，而且会影响其生态学功能，表现在微生物的生物量、基质利用、酶活性、呼吸熵（RQ）及其在碳、氮、硫、磷等物质循环中作用的变化。生物量反映了单位质量培养物中微生物的总数量，是微生物总体生存情况的指标。基质包括微生物所需的碳源、氮源、生长因子和无机盐等营养物质。微生物群落对这些营养物质的利用效率变化，如对不同碳源（如糖、醇、酸等）的偏好，可指示群落中微生物种群结构的变动，进而影响其生态学功能。群落所具有的酶系不同，反映了具有特定酶活性微生物的生存状况，例如固氮酶的活性可以指示固氮菌的生存状态。呼吸熵作为微生物呼吸作用的指标，能够揭示好氧、微氧、厌氧微生物的生存情况，同时也能反映微生物代谢途径的变化。

目前用于环境污染物对微生物群落生理生化及其生态功能变化的研究方法，主要是碳素利用法（BIOLOG）。利用多底物的酶联反应（ELISA）平板和BI-

OLOG 鉴定系统，可以研究不同微生物种类在利用单一碳源底物方面的能力差异，通过对所得数据做统计分析，可获得大量土壤微生物群落结构和功能多样性方面的信息。

BIOLOGGN 微平板是一种多底物的 96 孔 ELISA 反应平板。除对照孔 A1 只装有四氮叠茂和必需营养物外，其余 95 孔作为反应孔装有不同的单一碳源底物和必需营养物。当各孔中的微生物成功利用碳底物时，会通过呼吸作用产生 $NADH_2$。在进行 ELISA 反应时，$NADH_2$ 便会引起四氮叠茂发生氧化还原反应而表现出反应液的颜色变化。通过测量孔中颜色变化的光吸收值，我们能够获取较为精确的实验数据。

用 BIOLOGGN 微平板 ELISA 反应采用每孔颜色平均变化率（AWCD）来描述微生物群落 ELISA 反应。计算公式如下：

$$\mathrm{AWCD}=[\sum(C-R)]/95 \tag{3-3}$$

式中 C——所测得 95 个反应孔的吸光值；

R——对照孔 A1 的吸光值。

土壤微生物群落的功能多样性状况可用一些公式通过对上述测定数据的计算来表述，具体如下。

1. Shannon 指数

Shannon 指数用来评估丰富度和均匀度，公式如下：

$$H'=-\sum P_i \ln P_i \tag{3-4}$$

式中 P_i——第 i 孔相对吸光值（$C-R$）与整个平板相对吸光值总和的比率。

2. Shannon 均匀度

Shannon 均匀度是由 Shannon 指数计算出的均度，公式入下：

$$E=H'/\ln S \tag{3-5}$$

式中 S——颜色变化的孔的数目。

3. Simpson 指数

Simpson 指数是评估某些最常见种的优势度指数，公式如下：

$$D=\sum \frac{[N_i(N_i-1)]}{[N(N-1)]} \tag{3-6}$$

式中 N_i——第 i 孔的相对吸光值（$C-R$）；

N——相对吸光值总和。

Simpson 指数用 $1/D$ 值表示。

4. Mclntosh 指数

Mclntosh 指数是基于群落物种多维空间上的 Euclidian 距离的多样性指数，公式如下：

$$U=\sqrt{(\sum N_i^2)} \tag{3-7}$$

式中　N_i——第 i 孔的相对吸光值（$C-R$）。

5. Mclntosh 均匀度

Mclntosh 均匀度是由 Mcintosh 指数计算得出的均匀度，公式如下：

$$E=\frac{N-U}{N-N/\sqrt{S}} \tag{3-8}$$

式中　N——相对吸光值总和；

S——颜色变化的孔的数目。

BIOLOGGN 微平板反应系统采用的 3 种多样性指数实际反映了土壤微生物群落功能多样性的不同侧面。Shannon 指数受群落物种丰富度影响较大，Simpson 指数较多反映了群落中最常见的物种，而 Mclntosh 指数则是物种均一性的度量。

（三）组学技术

随着高通量测序技术和基因芯片技术等分子生物学技术的快速发展，组学技术正在受到微生物生态毒理学研究的青睐，它的应用将为环境污染物对微生物群落影响的研究带来新的突破。

1. 基因组学技术

基因组学技术在微生物生态学研究中发挥着重要作用，特别是在微生物群落对污染物的降解研究中。通过环境 DNA 测序、单细胞基因组学、转录组学和代谢组学等技术，科学家们能够深入理解微生物群落的结构和功能，寻找关键的功能微生物和功能基因，为生态毒理学研究提供新的视角。宏基因组学是环境样品中所有微生物基因组集合的研究技术和方法。常用的关键技术有高通量测序技术和基因芯片技术。

基因组学方法规避了传统方法中绝大部分微生物难以培养的缺陷，通过以微生物的基因组总和为研究对象，并结合生物信息学手段，能够全面揭示微生物的生态特征和功能，进而发现新物种和新功能基因。例如，通过高通量测序技术，我们研究了石油污染对微生物群落丰度和组成的影响，并发现了一些在自然清除石油污染过程中起关键作用的微生物，如 γ 变形菌和 α 变形菌。此外，高通量测序技术还被用于揭示活性污泥中微生物的优势种群，这为阐明废水处理过程中活性污泥微生物群落的结构组成提供了重要信息。

2. 转录组学技术

应用转录组学技术对微生物生态毒理学研究的结果，可用于对生态环境的监测和微生物对环境污染物降解作用的研究。例如，利用 RNA-seq 测序技术对邻苯二甲酸二丁酯（DBP）降解菌进行转录组学研究，发现 DBP 代谢途径为龙胆酸代谢途径，为降解菌的功能基因和降解机理提供了基因数据，也为 DBP 污染的生物修复提供了新的方向。

3. 蛋白质组学技术

在微生物生态毒理学研究中，应用宏蛋白质组学技术可以检测某些蛋白质是否存在、相对丰度和蛋白质的修饰状态，观察功能基因的表达情况，并可了解关键酶的功能，进一步认识在环境污染胁迫条件下微生物的代谢过程。然而，利用蛋白质组学研究复杂的微生物群体目前还存在一定的挑战，例如，在微生物环境样品中，蛋白质的有效分离仍面临挑战，至今尚未形成统一的蛋白提取方法。获取感兴趣的目标蛋白后，如何深入阐述这些蛋白在生态环境中的具体功能和动态变化，将成为未来研究的重要方向之一。

4. 代谢组学技术

目前，代谢物组学通常采用红外光谱法、核磁共振、高效液相色谱、气-质联用、液-质联用技术等。应用代谢组学技术可研究微生物受到环境污染刺激后，其代谢产物或其代谢途径的变化，可为分析菌群在降解多种污染物的过程中细菌和环境的交互作用机理提供实验依据，这在微生物对环境污染物的治理中已得到初步应用。

例如，在分析活性污泥细菌对废水中不同酚类化合物的代谢响应的研究中，发现不同底物（如苯酚、4-氯酚、双酚）对微生物的生态毒性不同，致使其对菌体代谢的影响有明显差异。这可用于筛选降解多酚污染物菌群，实现复杂酚类化合物的协同降解。另一项研究利用代谢组学的研究方法，检测了一种真菌（YC-WZ1）在农药烟嘧磺隆存在条件下产生的所有代谢物，分析了烟嘧磺隆代谢途径，发现其降解机制主要是水解作用。尽管代谢组学在微生物生态毒理学研究领域起步较晚，但其研究方法的引入为深入探索微生物在降解环境污染物过程中的生态毒理学机制，以及提升生物降解效率提供了新的视角。例如，代谢组学技术在毒理学研究中的应用案例显示，通过研究药物、环境污染物和营养物质对生物体代谢的影响，可以揭示其潜在的毒性作用机制。

第四章

水环境污染的生态毒理学应用

在当今时代，经济高速发展带来巨大物质财富的同时，水环境污染问题却如影随形，成为制约可持续发展的关键因素。水生态系统的平衡遭受破坏，生物多样性面临挑战，人类健康也受到潜在威胁。在此严峻形势下，深入研究水环境污染的生态毒理学应用意义重大。

第一节　水生态环境及环境污染物

水生态描述的是水的存在形态以及与水环境密切相关的动植物的生存状况。水生态系统则是由这些相互关联、相互作用、相互制约的组成部分共同构成的复杂有机体。从这个概念出发，水生态系统是由多个部分组成的，在多个部分的相互作用、相互制约中形成了水生态系统变化的动力。在各种因素的作用下，水生态系统发生着各种各样的变化，这些变化表现为量变、质变、渐变和突变。

一　水生态系统的特点

（一）影响因素多而复杂

自然条件、社会影响、水自身的循环运动构成了一个三位一体的水生态循环系统，这些系统的要素之间相互依存、相互作用、相互制约、相互促进。在一般情况下，如果各要素处于相对稳定的状态中，结构与功能也相对稳定，系统的循环也趋于稳定。一旦要素发生了变化，结构与功能必然受到影响，形式与状态会发生改变，系统也将发生变化。实际上，系统的要素有相对的主次和动静之分，它们的作用是不均等的。

（二）水环境与陆地环境有很大差异

水环境与陆地环境有很大差异，主要体现在：弱光环境、缺氧条件、高密度特性、高黏性状态、湿度变化平稳，以及能够溶解各类无机盐类的特性。

（三）生物群落与生境的统一性

有什么样的生境就造就了什么样的生物群落，二者是不可分割的。如果说生物群落是生态系统的主体，那么，生境就是生物群落的生存条件。正如生态学研究指出，一个地区丰富的生境多样性是生物群落多样性的基础。生境多样性反映了不同生境群落之间物种组成的相异性或物种沿环境梯度的更替速率。当生境多样性受到破坏时，如气候变化和栖息地破坏，生物群落的性质、密度和比例等都会发生变化，从而影响生物群落多样性。在生境各个要素中，水又具有特殊的不可替代的重要作用。

（四）具有自我修复功能与自我净化功能

水生态系统结构的另一个重要特征是具有自我修复功能和自我净化功能。在长期的进化过程中，形成了同种生物种群间、异种生物种群间在数量上的调控，保持着一种协调关系。水体自我修复能力，也是水生态系统自我调控能力的一种。在遭遇外界干扰时，水体能够通过自我修复机制，维持其洁净状态。由于具有这种自我修复功能和自我净化功能，才使水生态系统具有相对的稳定性。

二 水生态环境的组成

水生态环境的含义是外界环境中的水因子与所有生物相互影响以及水体成分的变化。生物体的重要组成物质是水，生物和环境一直进行着水分交换，水生态环境的变化会直接影响生物的生存和发展[1]。

水生态环境由非生物组成和生物组成，具体如下：

（一）非生物组成

天然水由下列成分组成：水及其主要离子、溶解性气体、微量元素、胶体和悬浮物质等。

（二）生物组成

1. 生产者

生产者主要是个体很小的各种藻类（浮游植物），其生产力远高于陆地植物，而生物量显著地低于陆地植物。在小型水域或大型水域的浅水区，还生长着一些水生高等植物。通常浮游植物的生产量在系统的总初级生产量中占绝对优势。

---

[1] 李启上．水生态环境保护现状与管理要点分析［J］．资源节约与环保，2020，(1)：29.

2. 消费者

初级消费者主要是个体很小的浮游动物，其种类组成和数量分布通常随浮游植物而变。与陆地生态系统相比较，水体中初级消费者对光合作用产物的利用效率高，特别是在海洋和大型淡水水域中，浮游植物合成的物质几乎全部被浮游动物所消费。大型消费者（除了草食性浮游动物之外）还包括底栖动物和鱼类等。这些水生动物处于食物链（网）的不同环节，分布在水体的各个层次，其中不少种类是杂食性的，并且有很大的活动范围。同时，很多草食性或杂食性的水生动物，还以天然水域中大量存在的有机碎屑作为部分食物。

3. 分解者

水生态系统中的分解者分布范围很广，但是通常以水底沉积物表面的数量为最多，因为这里积累了大量的死亡有机物质。一般来说，天然水域中只有少数细菌和真菌会危害活的生物体，而绝大多数的种类都是在生物体死亡之后才开始侵袭的。

三 水环境中污染物的类型

导致水体水质、底质及生物质质量下降，或引发水体污染的各种物质及能量，均可被视为水环境污染物。从环境保护角度出发，可以认为任何物质若以不恰当的数量、浓度、速率、排放方式进入水环境，均可造成水环境污染，因而就可能成为水环境污染物，所以水环境污染物包括的范围非常广泛。

从生态毒理学的角度，把进入水体的污染物分为以下几类。

（一）金属和类金属

金属和类金属包括砷、镉、铬、铅、汞、镍、硒、锌、铜、铝等物质及其化合物。

（二）无机气体

氮氧化物与二氧化硫在大气中反应，形成酸雨沉降，进而改变水体 pH 值，削弱其自然缓冲能力，抑制细菌及微生物生长，阻碍水体自我净化过程。

（三）营养物质

营养物质主要指氯、磷、无机酸、无机碱及一般无机盐。水体中氮、磷等植物营养物质的过量累积，会促使藻类等水生植物过度繁殖，引发水华或赤潮现象，即所谓的“富营养化”污染。这种污染除可导致水中溶解氧减少，危害鱼类和水生动物的生存，恶化水质外，过多的藻类残体还会减少水体容量，使湖泊变浅，最后形成水体老化和沼泽化。

（四）有机污染物

有机有毒污染物多属于人工合成的有机物，如有机氯农药、合成洗涤剂、合成染料等以及酚类化合物、取代苯类化合物、多氯联苯和稠环芳烃等。这类物质的主要污染特征之一是比较稳定，不易被微生物降解，所以称之为难降解有机污染物，其另一污染特征是它们都对人类健康有害，只是危害程度和作用方式不同而已。

（五）有机金属化合物

有机金属化合物包括有机铅、有机汞、有机锡等。有机金属化合物由金属原子与有机物的某部分通过共价键结合而成，这种独特的结合方式显著影响了其归宿和毒性。通常，金属上添加有机基团后增加了它向脂中分配的能力，因此其生物可利用率和毒性也大大增加了。

（六）放射性物质

水中所含的放射性核素构成一种特殊的污染源，统称为放射性污染。放射性污染物主要是放出 α、β、γ 等射线损害生物体组织，并可以蓄积在生物体内部造成长期危害，促成贫血、白细胞增生、恶性肿瘤等各种放射性病症。

（七）生物污染物质

生物污染物质主要是动物和人排泄的粪便，其中含有细菌、病菌及寄生虫等，它能引起各种疾病的传染。这类污染物质往往与耗氧有机物混合在一起。

（八）热污染

水体热污染指天然水体接受“热流出物”而使水温升高的现象。热污染导致水体温度升高，进而加速化学反应速率，加剧水中有毒物质的毒性效应；同时，水温上升会降低水生生物的繁殖能力，并减少氧的溶解度。

四 环境污染物在水生态环境中的迁移和转化

（一）环境水体污染物进入水体的途径

1. 通过大气沉降进入地表水环境

大气沉降与降水是水体的主要重点污染源之一，大气中的污染物有相当一部分随着大气沉降与降水进入水体中，造成水体的污染。

近年来，因受到酸雨的污染，我国的很多湖泊都出现了 pH 值下降的现象，使水生生态系统受到了严重的影响。

随着工业和交通事业的发展，废气的排放量越来越大，成分也日趋复杂，对水环境的污染必将更大。因此，我们必须充分认识到大气沉降与降水对水体造成的污染问题的严重性。

2. 通过下渗进入地下水环境

人们使用的农药和化肥除少量地被农作物吸收外，其余绝大部分残留在土壤和飘浮在大气中，经过降水的淋洗和冲刷后，这些残留的农药（杀虫剂、杀菌剂、除草剂、植物生长调节剂等）和化肥（氮、磷等）会随着降水的径流和渗流进入地下水和地面水体中，造成天然水体的农药污染和水体（特别是湖泊、水库等静止水体）的富营养化。

农田径流与渗流水还会将农业废弃物（植物秸秆、牲畜粪便等）带入水体中，这已成为水体中氮、磷等污染物的重要来源。

农田采用污水灌溉时，污水中的许多污染物会下渗而造成水体污染。

农田径流与渗流水中还常常含有大量的致病菌、病毒和寄生虫卵。

3. 通过地表径流进入地表水环境

污染物进入地表水环境的途径主要包括以下几种。

（1）在化学品生产、排放、流通和使用过程中，有毒化学物质或被直接释放于环境，或随废水排入水体，如大规模使用的农药和杀虫剂等。

（2）由于突发事故造成大量有毒化学品外泄，进而污染水体。

（3）有毒有害废弃物处理、处置不当，其中的有毒化学品经各种途径进入水体，如淋溶、渗透等。

（二）污染物在水体中的分布和转移

污染物进入水体后以可溶态或悬浮态存在，水体中污染物的迁移转化过程及其生物可利用性，均紧密依赖于其具体的存在形态。在等温条件下，风的作用通过水体使沉淀物重新悬浮，使污染物混合。夏季来临，河湖水面出现分层现象，浅水区浮游植物迅速繁殖，随后浮游动物数量激增，这一系列变化深刻影响了河湖水体的污染物构成。较大的颗粒和与之相结合的污染物沉降到达深水层中。还有一些污染物能被水底的沉淀物所吸附，并与之结合，因此不均匀地分布在河流或湖水的沉淀中。

污染物进入水体后发生各种反应，根据污染物的不同性质可产生不同的污染过程。无机污染物特别是重金属和类金属等污染物，一旦进入水环境均不能被生物降解。通过各种化学作用进行迁移转化，最终以一种或多种形态长期存留在环境中，造成永久性的潜在危害。有机污染物在水环境中的迁移转化主要取决于污染物本身的性质以及水体的环境条件。有机污染物一般通过吸附作用、水解作用、光解作用、生物富集和生物降解等过程进行迁移转化。

（三）污染物在生物体内的吸收、分布和排泄

1. 污染物在生物体内的吸收

生物体接触的环境污染物通过各种途径透过机体的生物膜进入血液的过程称为污染物在生物体内的吸收。这一过程与生物体对氧和营养物质的吸收机制在本质上并无显著区别。生物体对污染物的吸收可通过这些途径进行：①经消化道吸收；②经呼吸道吸收；③经皮肤吸收。

2. 污染物在生物体内的分布

环境污染物通过各种途径进入生物体后，会随着血液和体液的循环，被分配到全身各个组织细胞中，这一过程被称为分布。污染物在生物体内的分布并不均匀。各种化合物在体内的分布也不一致。有机污染物多在体内呈均匀分布，而无机污染物在体内多呈不均匀分布，根据其价态，在体内分布有一定规律。此外，部分污染物因其高度的脂溶性，会在生物体的某个器官中聚集或积累。例如，DDT 可在生物体脂肪内储存，此种贮存的 DDT 并不影响脂肪代谢。

3. 污染物在生物体内的排泄

排泄是一种化学物及其代谢产物向机体外运转的过程，是机体内物质代谢全过程中的最后一个环节。排泄的主要途径是通过肾脏随同尿液排出和经过肝脏随同胆汁混入粪便中而排出。此外，还有经过呼吸器官随同气体呼出，通过皮肤随同汗液以及随同唾液、乳汁、泪液和胃肠道分泌物等排泄。

（四）污染物在生物体内的转化和解毒

污染物的生物转化使之进入机体内的外来化合物，在体内酶催化下发生一系列代谢变化的过程。污染物一旦进入了生物体内，就可以被生物转化。因生物转化有酶的催化参与，因此受饱和动力学和竞争性抑制的影响。生物转化不仅能加速污染物的消除、解毒、隔离、重新分布或活化过程，还能提升污染物从生物体内散失的效率，尤其在亲脂性外来化学物质转化为亲水化合物时，这一现象尤为显著。一些污染物可能被转化成无毒的形式，这种转化叫作生物解毒作用。还有一些污染物可能被转化成虽留存在生物体内，但是被隔离在产生有害效应地点之外的形式。反之，在生物活化过程中，生物转化使污染物的有害作用加强，或者一种惰性的化合物被转化成具有高生物活性的有害物质。例如，有机磷杀虫剂对硫磷和乐果经过氧化脱硫，可分别转化成毒性更大的对氧磷和氧乐果。

（五）污染物在食物链中的传递与放大

一般来讲，脂溶性较强、不易分解、与蛋白质或酶有较高亲和力的环境污染物会长期残留在生物体内。并且，其浓度具有明显的随营养级升高、食物链流动而增大和积累的现象。

生物富集指的是生物机体或同一营养级的多种生物，从周围环境中累积某种元素或难以分解的化合物，导致生物体内该物质浓度超越环境浓度的现象。生物浓缩的大小与物质本身的性质以及生物和环境等因素有关。影响生物富集的因素很多，生物种的特性、污染物的性质、污染物的浓度与作用时间以及环境特点均是生物富集的影响因子。不同种类的生物、处于不同发育阶段的生物以及不同器官的生物富集规律各异。一般来说，同一种生物对不同物质的浓缩程度会有很大差别；不同种生物对同一种物质也会有很大差别。例如，褐藻对钼的浓缩系数是11，对铅的浓缩系数却高达70000，相差悬殊。此外，即使是对同一种物质，由于环境条件不同，浓缩系数也可能不同。

1. 水生生物对重金属吸收和积累过程

重金属在水生动物内的积累，通常认为经过下列途径：一是经过鳃不断吸收溶解在水中的重金属离子，然后通过血液输送到体内的各个部位，或积累在表面细胞之中；二是在摄食时，水体或残留在饵料中的重金属通过消化道进入体内。另外，体表与水体的渗透交换作用同样可能是重金属进入生物体内的一个途径。

影响重金属生物富集的关键因素有：①不同重金属的特性；②环境因素的影响作用；③重金属暴露吸收的途径；④物种之间的敏感性差异。

重金属在不同水生动物中残留量有所不同。铜、铅、锌、镉、汞沿食物链积累和放大现象明显，其中汞和镉的食物链富集、积累对人类危险最大。对生活在水上、中层的鱼类来说，鱼体中的重金属积累量主要取决于水中的重金属浓度；对底栖鱼类来说，则取决于水和沉积物中的重金属浓度。

2. 水生生物对农药吸收和积累过程

20世纪60年代，科学家发现鱼类体内DDT残留量很高。由于其化学性质稳定，有机氯农药能够在环境中长期残留。有机氯农药具有很高的亲脂性，导致从水中和食物链途径积累于生物体，并沿食物链逐级放大。牡蛎在$0.1\mu g/dm^3$ DDT海水中，40d富集系数可达7万多倍。尽管许多有机氯农药已停止使用多年，美国沿海水生生物体内至今仍能检测出DDT的代谢产物，这与DDT的化学稳定性及其在食物链中的生物富集现象有关。

五 水环境污染对水生态系统的损害

水环境污染对水生生态系统的损害具体表现为以下方面。

（一）对水生生物的直接损害

有些污染物对水生生物有毒害作用，它们或者能直接杀死水生生物，或者影响其代谢、生理活性，以及它们的遗传或生殖能力，从而威胁在一既定的水生态系统中一些正常的生物种群的接续。此外，某些物质在被初等生物吸收后可能不会立即表现出明显的影响，但它们能在生物体内富集，并随着食物链的逐级传递而放大，最终导致高级消费者如鱼类、鸟类和哺乳动物等中毒。

（二）对水生生物群落结构与功能的影响

正常水体具有协调的群落结构和功能。水体受到污染时，敏感种类消失，耐污种类数量增加，群落结构改变或破坏，功能失调。水体污染对水生生物群落结构的影响可归结为：①对策物种比例增加；②生物大小减小；③生物寿命缩短；④食物链缩短；⑤优势种增加，生物多样性降低。

（三）对水生生态系统服务功能影响

水生生态系统不仅为人类提供食品、医药及其他生产生活原料，还创造和维持地球生命支持系统，为人类的生存提供所必需的环境条件。水生生态系统服务功能包括：有机质的合成与生产、生物多样性保护、调节水循环、控制有害生物、净化环境和休闲娱乐。环境污染严重的水体会丧失部分乃至全部服务功能价值，进而对人类生理和心理造成不可忽视的影响。

第二节 水体环境污染物的生态毒理学效应

一 淡水生态系统中环境污染物的生态毒理学效应

人类的生产和生活活动导致大量污染物进入水体，不仅引发了水环境公害事件的频发，还对水域生态系统造成了严重的破坏。例如，过去百年间，全球约有半数的湿地遭到了破坏，这些湿地是重要的水源地，能够减轻洪水危害并吸收温室气体。就淡水生态系统而言，淡水污染所引发的生态毒理学后果严重，具体表现为河流水质恶化、湖泊富营养化加剧、生物多样性急剧减少，以及淡水生态系统破坏事件频发。与其他生态系统相比，淡水生态系统的物种密度最大，是地球上最脆弱的生态系统之一。过去100年间，世界有一半的湿地遭到破坏。在世界淡水鱼类中，有20%的种类受到威胁，濒临灭绝。

环境污染物对淡水生态系统的生态毒理学效应可在这些层次上进行分析：分子水平、细胞水平、组织器官、个体、种群、群落、生态系统水平。不同层次的研究对于探索水域生态系统风险预警和生态修复具有重要价值。

（一）淡水环境污染物的分子水平

分子生物学理论和技术的快速发展使从分子水平探索环境污染物对生态系统产生毒性作用的机制成为可能。分子水平的研究使人们能够尽快确定环境污染物的早期检测终点并进行早期预警。

从生物化学变化的角度来看，由于某些酶的活性可以反映出淡水生态系统污染程度的大小，现已将此类酶作为特定污染物的生物标志物。例如，鱼脑中的乙酰胆碱酯酶的活性下降可以反映出水中有机磷、氨基甲酸酯的污染程度。鱼血清中谷氨酸草酰乙酸转氨酶升高，指示水体中有机氯杀虫剂和汞污染严重，鱼体内肝脏受损。

环境污染物对淡水生态系统中的各种生物均可产生多种分子生物学效应，如引起细胞DNA损伤、基因转录水平的变化、蛋白质结构及功能的改变及酶活性的变化等。重金属如铅、镉、铜、锌等，一方面对水生生物具有遗传毒性，可导致水生生物（如鲫鱼等）染色体和DNA分子的变异；另一方面也可引起非遗传性毒性效应，如诱导鱼类金属硫蛋白（MT）转录水平升高；同时重金属还可导致体内产生大量的活性氧自由基，这些自由基可引起细胞DNA断裂、脂质过氧化、酶蛋白失活等，从而使暴露生物遭受多种损害。

近年来，随着组学技术的发展，一种或多种组学技术（包括基因组学、转录组学、蛋白质组学、代谢组学及表观遗传组学等）被引入淡水生态系统生态毒理学研究中。DNA微阵列又称DNA阵列或DNA芯片，是一块在数平方厘米面积上安装数千或数万个核酸探针涂层的特殊玻璃片。经由一次测验，即可提供大量基因序列相关信息，是基因组学和遗传学研究的重要工具。目前，已有多个物种的商业化芯片用于水生生态毒理学研究。利用cDNA芯片，通过对比大型蚤野外样本与室内暴露研究的基因表达谱，我们确认了两者的高度一致性，从而证明基因组的表达分析可以用来预测特定的环境污染物。转录组学分析技术的运用，为我们揭示了“水华”期间浮游动物耐受藻毒素毒害背后的分子机制。单一或复合重金属（如三价砷、五价砷和镉等）污染对大型蚤蛋白质组学的研究，鉴定出了多种发生变化的蛋白质均可用于作为淡水生态系统重金属污染的生物标志物。对环境污染物引起水蚤代谢组学变化的研究，对于淡水生态系统代谢生物标志物的筛选具有重要价值。表观遗传组学研究发现，在环境毒物的暴露下，水蚤的体长、产卵量和性别分化等受到影响，而相应水蚤的生长和繁殖相关基因的DNA甲基化也发生异常改变。

总之，探讨淡水生态系统中环境污染物对生物组分的分子毒理效应，对于研究淡水生态系统生物标志物和探讨淡水生态系统生态毒性作用的机理是非常重要的。

（二）细胞、亚细胞及器官水平

淡水生态系统中的生物组分受到环境污染物的胁迫时，在尚未出现可见症状之前，就已在细胞和组织水平出现生理生化与显微形态结构等微观方面的变化。深入了解这些变化，对于探讨水域生态系统的风险预警机制及确定其生物标志物具有重要意义。

1. 环境污染物对植物细胞、亚细胞水平的效应

淡水水生植物细胞及其细胞器对重金属等环境污染物的毒性作用非常敏感，且有明确的剂量-效应关系。例如，挺水植物水花生经15mg/L Cd^{2+}处理后的根细胞，细胞核受害较轻，核膜轻微破损，核质出现凝聚；当浓度达到20mg/L时，在分裂期的根尖细胞核膜凹凸不平，部分受损，染色体凝聚；当浓度高达40mg/L时，根细胞核核质进一步浓缩，核周腔普遍膨大，核膜多处破裂消失，核结构解体，细胞中其他结构多数遭破坏，细胞趋于死亡。又如，多年生沉水草本植物菹草用1mg/L的Cd^{2+}处理后，其叶细胞的细胞核没有任何变化；当浓度达到10mg/L时，核仁分散成数个小核仁，核膜尚保持完整；当浓度高达50mg/L时，细胞核大部分消失，空泡化现象明显，且核膜还有断裂。

植物的叶绿体、线粒体等重要细胞器，同样对环境中的胁迫因子表现出了高度的敏感性。例如，盐湖水中，除了氯化钠外，还富含多种元素化合物。在这样的环境中生长的芦苇，其叶肉细胞内的叶绿体形态发生了变化，由正常的椭圆形转变为圆形，并且在叶绿体周围，线粒体聚集紧密且数量增多，同时，叶绿体的类囊体显著膨大，排列变得紊乱、扭曲且松散。类囊体膜局部被破坏，部分类囊体膜解体，空泡化，甚至消失，一些溶解了的类囊体其内含物流进细胞质中。

2. 环境污染物对动物细胞及器官的效应

淡水水域环境污染物对动物内脏的破坏作用非常明显，可造成淡水动物骨骼发育畸形，引起肝、肾等组织器官及血液发生病理性变化。例如，用含镉（0.01mg/L

和 0.05mg/L）水分别饲养鲤鱼 50d 和 30d 后，鲤鱼的脊椎发生弯曲，用 X 射线透视发现变形鱼脊椎骨有空洞现象。鲫鱼经 Cu^{2+} 处理后白细胞数大为增加，红细胞数和血红蛋白量也发生了较大变化。在多环芳烃污染条件下，底鳉鱼的肝脏可能受到损伤，从而诱发肿瘤的发生。农药氯丹可使虹鳟鱼肝脏退化；浓度为 3.2×10^{-4}mg/L 的 DDT 可使虹鳟鱼鱼苗肝脏出现空泡。

（三）淡水环境污染物的个体水平

1. 环境污染物对淡水生物形态结构的影响

生物形态结构的变化是淡水水生生物受到污染物严重损害的基本指标。浓度为 6.5mg/L 的萘处理会导致水花生幼嫩叶片失去绿色，逐渐萎蔫，并最终腐烂。而当浓度提升至 16.1mg/L 时，成熟叶片则会由绿转紫红，显现出明显的损伤迹象。

水污染还可引起鱼类的鳍和骨骼变形，甚至发生肿瘤。当铅浓度为 1mg/L 时，鱼的形态开始出现弯曲变形现象，鱼肝瘤和其他肝病变也多有发生。研究还发现，三丁基锡（TBT）可以引起软体动物畸形发生。

2. 环境污染物引起淡水生物生长抑制与死亡

毒性较强的环境污染物会对淡水生物造成严重毒害，其中，氰化物、硫化物、铜盐、铅盐、汞盐等无机物的毒害最为剧烈，而甲酚、酚、环烷酸等有机物则紧随其后。这些物质对水体污染轻者可影响水生生物的生长发育，污染严重时，藻类、浮游动物、鱼类和底栖生物的生长繁殖均可受到抑制甚至死亡。鲫鱼在镉浓度为 0.01mg/L 的水体中 8～18h 就会出现死亡。水中悬浮物还可以伤害鱼鳃，浓度很大时甚至使鱼死亡。悬浮物沉淀时，由于覆盖水底而引起底生生物死亡。

污水中所含的溶解和悬浮的有机污染物进入水体后，在微生物作用下进行强烈的氧化分解反应，大量消耗水中的氧气。由于急剧降低水中的溶解氧和放出有毒气体（如 H_2S、NH_3、CO_2 等），水生生物大量死亡。

3. 环境污染物对水生植物光合作用和呼吸作用的影响

淡水环境中的污染物还可影响水生植物的光合作用和呼吸作用。例如，当 Cd^{2+} 在 1mg/L、2mg/L 浓度下，荇菜的光合作用和呼吸作用都有明显增强的现象，而当浓度为 5mg/L 时，其光合作用、呼吸作用短暂增强后，又呈明显回落状态，处理时间越长，毒害作用越明显。此外，水中悬浮污染物可遮挡光线，阻碍水生植物的光合作用。

4. 环境污染物对淡水生物行为的影响

水环境污染会对淡水生物行为会产生严重影响。若水环境温度、光照、污染、辐射等因素使水生动物行为改变超过正常变化的范围，就会产生行为毒性。鱼类所有的行为都易受到环境污染物的影响。淡水环境中的污染物所造成的鱼类回避亲社会行为的毒性作用可使水环境中鱼类的组成、区系分布发生改变，从而影响原有的生态平衡。例如，在含有一定浓度的DDT水中生长的鲑鱼，对低温非常敏感，它被迫改变产卵区，把卵产在温度偏高的、鱼苗不能成活的水中，导致该鱼群密度下降。

鱼类受到外来侵袭时，其皮肤上皮细胞会释放一种示警物质作为化学信号，其他鱼群通过嗅觉器官接收这一信号之后，便会本能地回避这一危险的环境。用亚致死剂量锌5μg/L处理雌鱼9d，锌能破坏嗅觉和味觉上皮组织，丧失对示警信号和食物的感知功能，导致行为异常，从而影响繁殖能力。研究发现，暴露于含镉水体中7d，鱼群对示警物质正常的回避行为消失；鱼体荧光放射性自显影证实，嗅觉器官对镉的蓄积比其他器官高，导致鱼体行为异常。显然，水环境中的锌、镉等破坏了鱼群对示警物质的正常行为和生理反应，改变了鱼群的回避策略。此外，鳟鱼鱼群暴露于含镉水体中24h，可导致其与非暴露鱼群的对抗能力下降，转移至清洁水中净化5d后，对抗能力可基本恢复正常，表明环境污染物对鱼体行为的轻微损伤是可逆的或部分可逆的。

5. 环境污染物对水生动物繁殖的影响

某些淡水中的污染物对动物繁殖有影响。有机氯农药对鱼类、水鸟、哺乳动物的繁殖有严重影响。鳟鱼卵中的DDT含量大于0.4mg/kg时，孵化出的幼鱼的死亡率为30%～90%；0.02～0.05mg/kg的γ-六六六可使阔尾鳟鱼卵母细胞萎缩，卵黄形成受抑制，且可抑制黄体生成素对排卵的诱导作用，使卵中的胚胎发育受阻。有机氯农药还能使许多鸟类蛋壳变薄，例如DDT污染使加拿大安大略湖等地区的鸬鹚蛋壳厚度降低了2.3%，21%的鸬鹚的嘴也发生了畸变。狄氏剂、PCBs、毒杀酚等具有雌激素的作用，能干扰内分泌系统，甚至可使雄性动物雌性化。例如，用剂量为5mg/kg的PCBs喂水貂，可使其丧失繁殖功能。

（四）种群、群落水平

1. 环境污染物的种群效应

环境污染物对淡水生态系统中的生物种群影响显著，主要体现在种群密度、年龄结构、性别比例以及出生率和死亡率的变动上。

高浓度的环境污染物会导致水生生物种群数量在短时间内急剧下降，甚至面临灭绝的风险；而较低浓度下长期接触环境污染物的生物种群可能对毒物产生耐性和抗性。不同种群对水污染的敏感性和耐性不同。生物的瞬时耐性可能来源于如金属硫蛋白合成和混合功能氧化酶激活这种短期生理适应。敏感性和耐性也可产生于生物对污染物的遗传适应机制，即污染环境对暴露生物的选择作用可导致具抗性基因型个体增加，当这些生物体再放回清洁水中时，遗传耐性依然存在，且能传给下一代。

不同生物种群对水中污染物的敏感程度和耐受能力存在差异。例如，蓝藻中的螺旋藻属和小颤藻可在污染严重的水体中生存，而硅藻中的影片藻和绿藻中的凹顶鼓藻属则喜欢在清洁的水体中生活。因此，可以利用不同生物种群作为生物指示器，来评估水体的污染状况。

环境污染物对淡水生物种群或群落的毒性作用符合剂量-反应（或效应）关系。以硝基芳烃类有机污染物对斜生栅列藻种群的毒性作用研究为例，当对硝基甲苯浓度为 2×10^{-4} mol/L 时，藻类生长抑制率为 23.67%，此时，细胞的生长和繁殖受阻；浓度为 2.26×10^{4} mol/L 时，藻类生长抑制率为 57.14%，此时的细胞核和细胞器解体；浓度为 3.16×10^{-4} mol/L 时，藻类生长抑制率为 73.97%，此时，细胞的原生质解体。

2. 环境污染物的群落效应

正常水体维持着一个协调的生物群落结构和功能。然而，当水体遭受污染时，敏感物种往往消失，而耐受污染的物种数量增加，导致物种多样性降低。这种变化不仅改变了群落的结构，还可能导致群落功能的失调。例如，在发生原油泄漏之类的灾难性事件后，一般来说，水生生物的群落结构会发生改变或破坏，某些幸存种类的种群会不同程度地突然增加。

目前对群落变化的研究多以大型底栖生物为对象，因为它们具有种类多、数量多、生活场所相对固定和易于采集的特点。一般而言，在严重污染之后，可观察到底栖群落的变化。一些种类已不复存在，一些种类的种群明显减小，而另一些种类密度加大。

在同一群落中，不同种群对污染物的敏感性有一定的差异。以单甲脒农药对群落的影响为例。不同浓度单甲脒处理 2 周后，藻类种类减少 50%～75%，多样性指数明显下降。藻类群落结构变化明显，绿藻比例增加，占比多达98.89%，硅藻、蓝藻、裸藻仅占 1.11%，隐藻、金藻、甲藻和黄藻全部消失。

单甲脒农药对大型水生植物生长的影响也非常明显，经过高浓度单甲脒农药处理 2 周后，挺水植物受到严重伤害，全部下沉水底，不能正常挺立水层；在浓度较高的处理组，挺水植物也逐步表现出受害症状，如叶片脱落，色素变黄等，但浓度较低的处理组挺水植物未见明显变化。可见大型水生植物对单甲脒农药的抗性比藻类强。

高浓度单甲脒农药处理下，秀体溞属和低额溞属等浮游甲壳动物很快死亡，耐性最强的盘肠溞类也在2周内全部被杀灭；底栖动物除少量耐污的颤蚓外，大部分也于2周内被杀灭。在单甲脒农药处理组，浮游动物种类及多样性指数也有不同程度地下降。

在一定浓度范围内，单甲脒农药对藻类群落结构有显著影响，尤其是在高浓度下可迅速杀灭藻类。然而，随着药物的降解，藻类群落会逐渐恢复。这表明藻类群落对单甲脒农药的反应最为敏感，而浮游动物和大型水生植物的反应次之，底栖动物较强，好氧异养菌的耐性最强。

（五）生态系统水平

在淡水环境中，若污染物在特定时空范围内持续对水生生态系统施加影响，将导致生态系统的物质循环与能量流动受阻，进而危害生态系统的健康，促使其逐渐衰退。长期环境污染对水生生态系统的生态毒理学效应主要包括生物多样性丧失（如遗传多样性丧失、物种多样性丧失和生态系统多样性丧失等）、生态系统复杂性降低及自我调控能力下降等。

1. 农药污染

农药污染对淡水生生态系统的危害很大。例如，当单甲脒农药浓度达到12.5～50.0mg/L时，藻类和水生植物的光合作用会受到严重抑制，甚至完全停止，进而引发水体生物产氧量大幅下降，呼吸作用超过产氧，导致水体pH值和溶解氧量显著降低。这一连锁反应使得藻类和水生植物遭受重创，甚至死亡，生态系统功能明显衰退。在这种营养物质和氧气缺乏的水体中，鱼类等消费者的死亡率增加，生态系统受到严重损害，随着时间的延长，生态系统结构与功能受损越来越严重，到一定严重程度将不可恢复。

2. 酸雨

酸雨对水生生态系统的影响非常严重。酸雨可引起湖泊水体酸化，使鱼卵不能成功孵化，鱼类失去繁殖能力甚至死亡。酸雨还能促使土壤矿物质中的有害重金属转化为可溶性形态，进而渗入水体，对多种水生生物的生长造成阻碍，严重时甚至导致它们死亡。此外，酸雨还可使水体中的微生物活动受到抑制，影响水体有机物的分解、营养成分的释放及物质与能量的循环。

鱼类最适宜在中性或微碱性的水体中生长，即pH值为6.5～8.5，鱼类生长最适宜的pH值为7.8～8.5。在pH值6～9时，仍属于安全范围。如果pH值低于6或高于9，就会对鱼类造成不良影响。pH值在5.5以下时，鱼类生长受阻，产量下降；pH 值在 5 以下时，鱼类生殖功能失调，繁殖停止。由于酸雨的影响，鱼类在许多湖泊中消失。

鱼胚和鱼苗阶段是鱼类生活周期中对低 pH 最为敏感而且最易死亡的阶段。比较 96h 半数耐受（或致死）水平，鱼的胚胎比仔鱼对低 pH 敏感 10 多倍；不影响鱼苗存活的 pH 的下限为 5.5，而不影响鱼胚存活的 pH 的下限为 6.0；当水体 pH 为 4.0 时，鱼卵不能孵化；而 pH 在 4.0 以下时，鳃组织严重损伤，气体交换受阻，鱼窒息死亡。

水体酸化对其他水生生物的影响也很严重，例如，可使多种藻类和浮游动物种类减少、种群密度降低，间接影响高一营养级生物的生存，使生态系统中食物链的物质与能量循环受阻。

3. 淡水富营养化

在多数富营养化水体中，蓝藻数量多且为优势种，但也有部分湖泊中绿藻为优势种；随着水体富营养化程度加重，原生动物数量增多，而轮虫和枝角类、桡足类动物减少或消失。

淡水富营养化引起某些种类的水生生物特别是某些藻类的生长过旺，大量消耗水中的氧和营养物质，使多种好氧水生生物（包括好氧的分解者）由于缺氧而死亡，残留的尸体分解缓慢，水质极度恶化，对淡水水生生态系统造成严重破坏。淡水湖泊常见的“水华”现象就是由于淡水富营养化引起某些藻类，如蓝藻、绿藻、硅藻等疯长所形成的。当“水华”现象出现时，水体会变为蓝色或绿色。这些导致“水华”的藻类会大量产生藻毒素，从而污染水源。这些藻毒素对多种生物有害，尤其是鱼类，甚至可能通过饮水或食物链对人体健康造成影响。例如，蓝藻“水华”产生的藻毒素能损害肝脏，具有致癌作用。又如，澳大利亚曾经发生在以铜绿微囊藻污染严重的水库作为水源的居民中，很多居民肝脏受损，导致其血清中某些肝脏酶含量增高。对中国泰兴肝癌高发区不同饮用水类型的人群进行比较研究后发现，长期饮用微囊藻毒素污染的水，导致血清谷丙转氨酶、碱性磷酸酶和 γ-谷氨酰转移酶等肝损伤指标显著高于对照组，此外也导致血清乙型肝炎病毒感染标志物水平升高，表明饮用者对乙型肝炎病毒感染的抵抗力降低。

4. 环境突发事件引起的多种化学物污染

环境污染突发事件的发生常常导致大量不同种类的有毒有害化学物排入淡水水体，导致水体中污染物浓度迅速飙升，对水生生态系统造成严重冲击，致使大量水生生物，尤其是鱼类，遭遇灭顶之灾。在这种情况下，虽然对水体水质的破坏可能是短时间的，但对水环境生态系统的破坏往往是严重的和长久的，如果要使其恢复到原来状态需要很长时间。

5. 外来水生生物种入侵

外来水生生物种入侵对淡水水生生态系统的危害非常严重。食蚊鱼入侵是外来水生动物入侵破坏水域生态系统的典型事例。食蚊鱼又叫大肚鱼或胎鳉，是胎鳉科食蚊鱼属鱼类。原产地为美国南部和墨西哥北部。最初是作为蚊子的生物防治天敌有意引进的。因其能随船舶做长距离传播，又嗜食孑孓，认为可预防疟疾而被广泛引进到世界各地。由于食蚊鱼可生活于咸水、淡水，更可沿海岸线扩散到沿海江河中，所以现已散布于长江以南的各种低地水体中（如湖泊、池塘、水沟等）。事实上，已有很多实验证明，食蚊鱼并不特别喜欢食孑孓，捕食孑孓的能力也并不比食性相近的当地鱼类强。食蚊鱼适应环境能力强，能生活于不同环境的水体中，且对温差、低氧及污染物的耐受性强。卵胎生，生长速度快，繁殖能力强。由于竞争力强，对生态位相似的当地鱼类造成相当大的压力，而且还会袭击体形比自己大 1 倍的鱼类。目前，食蚊鱼在华南已取代了当地青鱼，成为当地低地水体的优势种，威胁到这些青鳉的生存，甚至影响当地蛙类、蝾螈等两栖动物的生存。

二 海洋环境污染物的生态毒理学效应

环境污染物对海洋生物的毒理效应及作用机理是多层次、多方面的。深入探究海洋环境污染物在生物学各层次上的毒理效应及作用机理，对于污染物的毒性评估、生物标志物的筛选、海洋环境的检测与评价，以及海洋污染防治策略的制定等，均具有至关重要的意义。

（一）海洋环境污染物的分子水平

海洋分子生态毒理学研究主要通过采用分子生物学方法和技术研究污染物对海洋生态系统及其生物组分的毒性效应，阐明其毒性-构效关系，探讨污染物对生物体的分子作用机制，并筛选适于海洋生态环境的分子生物标志物。在海洋分子生态毒理学研究和应用中，分子生物标志物因其特异性、预警性和普适性等特点，已被广泛地应用于客观检测和评价污染物对生物体的毒性作用方式和效应，从而为海洋环境监测提供早期毒性预警。

环境污染物对生物体的分子毒理效应主要包括癌基因的激活和抑癌基因的失活、基因组不稳定性增加、基因表达及调控异常，以及引起生物大分子的结构、功能和生物合成等相关分子事件发生。目前，对海洋污染物的生物毒性分子机制的研究主要包括以下方面。

1. 海洋污染物对DNA结构和功能的影响

DNA结构和生物学功能的完整性是保证生物体正常生命活动的基础，环境污染物一旦进入生物体内，便会通过多种生物化学反应途径，诸如氧化、烷基化、胺化及配位作用等，诱发DNA损伤，包括点突变、插入、缺失、倒位乃至双链断裂，进而干扰其复制流程，引发一系列毒性效应。

环境污染物在生物代谢过程中可产生活性自由基攻击细胞核和线粒体DNA，导致DNA氧化损伤，引起DNA加合物形成。此外，某些海洋污染物及其代谢产物具有亲电子活性，容易与遗传物质DNA上的亲核基团共价结合，产生DNA加合物，致使DNA分子的结构改变、功能异常；还可使染色体畸变或形成微核，造成生殖细胞遗传物质的改变而影响下一代健康，或者是改变体细胞功能从而导致畸变或癌变的发生。以多环芳烃（PAHs）为例，其在体内经细胞色素P450酶代谢活化可产生具有毒性的活性代谢产物并诱导活性氧种类（ROS）产生，其代谢产物也可与DNA分子中的脱氧腺嘌呤及脱氧鸟嘌呤外环上的氨基共价结合形成PAH-DNA加合物，进而引发DNA结构和功能的改变，最终导致细胞遗传损伤的发生。例如，在典型PAHs致癌物苯并［*a*］芘（B*a*P）的暴露下，鱼体肠道中B*a*P-DNA加合物随暴露浓度而显著增加。对发生原油泄漏的海湾贝类生物取样发现，石油烃污染可诱导相应的DNA损伤并进而导致遗传毒性效应。此外，在低浓度石油烃的长期暴露下，相应的PAH-DNA加合物在比目鱼和大西洋鳕鱼的肝脏中均有检出，并可作为暴露生物标志物进行石油烃的生态风险评价。

ROS是细胞有氧呼吸和能量代谢过程中产生的活性氧分子，其在体内过度积累会打破机体氧化与抗氧化系统之间的平衡状态，引起DNA氧化损伤，并导致DNA发生点突变和链断裂等。其中，8-羟基脱氧鸟苷（8-OHdG）作为最常见的DNA碱基修饰物，可诱导DNA中的G-T碱基转换和碱基脱落等DNA突变，具有遗传毒性并可稳定地存在于生物体内，且易检出。因此，8-羟基脱氧鸟苷已被广泛用作评价PAHs等海洋污染物暴露对多种海洋模式生物产生DNA氧化性损伤的生物标志物。

此外，一些人工合成的农药及某些化工副产品等，可通过影响DNA甲基化等表观遗传过程产生毒性效应。DNA甲基化是由DNA甲基转移酶介导的DNA修饰过程，该过程广泛地存在于原核和真核生物中，并参与生物机体的各种生命活动，发挥着重要的生物学功能。持久性有机污染物如PAHs、PCBs，其在海龟体内的浓度与DNA甲基化水平呈现明显的正相关关系。全氟辛烷磺酰基化合物在低浓度暴露下，即可引起成年海胆性腺的DNA甲基化多态性、甲基化率以及去甲基化率均随着暴露时间的延长而增加。某些重金属即使在 1μg/L 浓度的暴露下，也可通过改变软体动物体内 DNA 甲基化水平并引起同源基因的表达损伤，引发遗传毒性效应，甚至产生胚胎毒性。

2. *海洋污染物对基因表达的影响*

基因表达是指细胞在生命活动中将 DNA 的遗传信息经转录和翻译转变成蛋白质分子的过程。基因表达水平通常通过衡量基因转录产生的 mRNA 的表达量来评估。环境污染物可以通过影响基因表达的效率或基因表达的调控通路，使基因表达发生改变，从而引起暴露生物生理生化指标的响应，最终使环境污染物的毒性作用发生。此外，环境污染物也可以通过与细胞中的相应受体结合，使该受体调控的靶基因的表达发生改变，导致污染物毒性作用的发生。以芳香烃受体（AhR）为例，在外源环境刺激下，AhR 可调控细胞色素 P450 酶系（CYPs）的基因表达。PAHs 和二噁英等污染物可与 AhR 结合，从而引发受体（AhR）构象变化而活化，活化的受体入核，与 AhR 受体的核内转运蛋白（ARNT）形成异二聚体复合物，然后结合于基因调控序列而诱导 *CYPs* 基因转录，使 *CYPs* 基因的 mRNA 表达及其酶活性提高。

研究发现，苯并［*a*］芘（B*a*P）可诱导真鲷胚胎的细胞色素 P450 酶系 *CYP1A*（*P4501A*）基因的 mRNA 表达，进而影响中脑区域血液循环减弱，导致中脑区域细胞凋亡。P4501A 酶的诱导被认为是鱼类暴露于 PAHs、PCBs、二噁英以及相关化合物的早期预警信号及高度敏感的生物毒性反应。鱼类胚胎中 CYP1A 酶对污染物的暴露也同样非常敏感，暴露于 PAHs 污染地区的太平洋鲱鱼胚胎的 *CYP1A* 基因表达显著高于来自未污染海域该鱼的胚胎，并与其体内富集的 PAHs 呈现一定的剂量-效应关系，进而影响其胚胎的存活率。

雌激素受体（ER）、雄激素受体（AR）、甲状腺激素受体、过氧化物酶体增殖物激活受体（PPARs）、维 A 酸受体（RARs）以及维生素 A 受体（RAR）等也可介导对基因表达的调控作用；一旦这些受体被环境污染物激活，它们便能调控相关基因的表达，进而引发相应的毒性效应。例如，雌激素和雄激素受体属于固醇类激素受体，当其被环境内分泌干扰物（配体）激活后可作为转录因子来调控雌激素和雄激素的效应，从而参与调节组织细胞分化与个体发育等。天然雌激素、人工合成雌激素类药物和环境内分泌干扰物等均可通过激活该类受体而干扰生物体内雌激素的分泌和代谢，如雌二醇可通过激活雌激素依赖性受体而显著上调牡蛎体内卵黄蛋白原基因 mRNA 表达，影响相关雌激素信号传导通路，进而影响发育和生殖功能，对生殖系统产生毒害作用。

又如，海洋中的某些环境内分泌干扰物如有机锡化合物，可诱导雌性的疣荔枝螺产生不正常的雄性特征，使其生殖能力丧失；性畸变严重时，疣荔枝螺种群会衰退甚至局域性灭绝。毒理研究显示，雌性个体阴茎增长与 RARs 基因在阴茎形成区的表达增强显著相关于性畸变。有机锡化合物还可以通过激活 PPARs 基因的转录表达，引发海洋螺类动物性畸变。

此外，小分子核糖核酸，又称微小核糖核酸（microRNA，miRNA）是一类由基因编码的单链 RNA 分子，它们的种类非常多，在动植物中参与 mRNA 表达的基因调控。近年来研究发现，环境污染物对动植物的毒性作用机理，污染物通常通过干扰 miRNA 的合成或表达过程，进而改变 miRNA 对其靶 mRNA 表达的调控机制，导致暴露生物的生理生化指标的响应，最终引起环境污染物毒性作用的发生。

3. 海洋污染物对蛋白结构和功能的影响

蛋白质是生命活动的物质基础，并参与生物体内的物质转运、代谢过程、免疫作用和信息传递等生命活动。蛋白质种类繁多，能与许多内源性和外源性小分子物质结合形成复杂的分子复合物。蛋白质分子中的氨基、羟基和巯基等功能基团，既是酶的催化关键部位，也对维持蛋白质的空间构型起着至关重要的作用。环境污染物或其代谢产物常与这些活性基团共价结合，进而影响蛋白的生物结构和功能，产生毒性效应。例如，汞、铅、镉、砷等重金属会高度特异性地使动物机体内血液和肝脏中血红素代谢酶的结构和活性改变，进一步造成该酶的功能损伤。

大多数重金属原子核外电子层都有未充满的 d 电子轨道，是良好的电子接受体，与许多蛋白酶和活性基团有很强的亲和力，如重金属能与生物体内酶的催化活性部分中的巯基（—SH）结合生成难溶解的硫醇盐，抑制酶的活性，从而影响机体的代谢作用。

有机磷农药和氨基甲酸酯类杀虫剂的分子结构与生物体胆碱酯酶的催化底物乙酰胆碱相似，它们能够与酶酯基的活性中心紧密结合，进而不可逆地抑制酶的活性。因此，胆碱酯酶活性常被用于评价有机体对于杀虫剂和神经性毒物（如重金属）的暴露程度。

生物的多种酶系其本质是蛋白质，这些酶直接参与环境污染物的代谢转化，如果环境污染物对酶蛋白发生损伤作用，便可影响酶的活性，从而影响该污染物在体内的代谢水平。例如，细胞色素 P450 酶系作为 I 相代谢酶而参与大量外源性物质（如药物、毒物等）和内源性物质（如类固醇激素、维生素 D、胆酸等）的代谢。抗氧化酶系包括超氧化物歧化酶（SOD）、谷胱甘肽过氧化物酶（GSH-Px）和过氧化氢酶（CAT）等在海洋生物（如藻类、浮游动物、贝类以及鱼类等）中广泛存在。研究表明，环境污染物对细胞色素 P450 酶系和抗氧化酶系具有显著的毒性效应，这会阻碍污染物的代谢过程或引发生物体的氧化损伤。因此，该类酶也可作为一类生物标志物，被应用于环境污染物的毒性研究和生态环境的预警。

此外，重金属可刺激生物体金属硫蛋白（MT）合成增加。MT 是生物体对环境中过量金属暴露的一种防御机制，能够减缓有毒物质及其代谢产物对有机体的影响。作为一类独特的金属生物标志物，MT 的分析能够明确区分细胞内具有显著毒理效应的生物可结合态金属与难以利用的络合态金属。目前常用贻贝消化腺上皮细胞中溶酶体膜的稳定性以及金属硫蛋白含量的测定作为水体环境重金属污染的评价指标之一。

（二）细胞及亚细胞水平

目前已有许多细胞学方法用于检测海洋生物的病理变化。海洋生态毒理学研究显示，污染物会致使海洋生物溶酶体膜稳定性降低、溶酶体体积膨胀以及脂褐体堆积等现象发生。溶酶体也可以累积进入细胞内的 PAHs 和含氮杂环类化合物。贻贝消化管中的消化细胞是许多污染物的主要影响部位，因此它被认为是海洋环境污染评价的敏感指标。重金属在贻贝体中的累积就发生在这些消化细胞的溶酶体中。

在一项研究中，将鱼类离体卵巢组织暴露于浓度为 10mg/L 的氯化汞海水溶液中培养 48h 后，通过电子显微镜观察到卵巢细胞的细胞器遭到破坏，并出现了大小不一的液泡。这与先前的研究结果一致，该研究发现不同浓度的汞离子对金鱼早期发育产生了不同程度的影响，包括生长抑制和关键酶活性的下降。

一些重金属可引起细胞膜化学成分的改变，DDT 改变膜脂的流动性，进而引起细胞整体功能的损伤，导致细胞受伤甚至死亡。

某些海洋污染物能够破坏细胞线粒体的结构和功能，干扰能量的产生过程，阻止细胞生成 ATP，进而因能量供应不足导致细胞功能受损乃至死亡。

此外，海洋中不同类型的生物细胞，因其形态、结构和功能的差异，对污染物的敏感性也各不相同。例如，海洋单细胞生物，在污染胁迫下，有的形成防御性孢子沉入海底，有的则迅速中毒而死亡。

（三）组织及器官水平

海洋污染物会对海洋维管植物的根、茎、叶、花及果实产生毒害，引发病斑，导致茎叶腐烂脱落；同时，它们也会引发海洋动物生殖腺异常、骨骼发育畸形以及肝肾功能指标异常等病理变化。例如，铜污染会破坏鱼类的鳃，使其出现黏液、肥大和增生，导致吸氧困难，引起鱼窒息死亡；另外，铜污染还可造成鱼体消化道的损害。铅对海洋生物的最低有害作用浓度为0.01mg/L，铅污染可导致海洋动物的红细胞溶血，还能引起肝、肾、雄性性腺、神经系统和血管等组织器官的损害。

（四）海洋环境污染物的个体水平

海洋生物种类繁多，千差万别，从原始的原核生物到高等的哺乳动物，几乎包含了“进化阶梯”各个阶层的生物种类，海洋污染物对它们造成的损伤取决于不同的毒性作用方式以及其作用剂量和作用时间。例如，高浓度或剧毒性污染物的存在，可导致海洋生物迅速中毒，生命活动及代谢机能出现异常，极端情况下，会在极短时间内引发大量生物个体的死亡。例如，赤潮爆发期间，产生的麻痹性贝类毒素等藻毒素，不仅可导致鱼、虾等海洋生物在短期内中毒致死，还可能对人类健康构成威胁。

绝大多数情况下，海洋污染物对生物体的暴露是一种长时间和低剂量的暴露方式。尽管不会立即致命，但生物体会出现生长发育迟缓、健康状况恶化、行为模式异常，以及繁殖率降低、后代成活率下降等问题，严重时甚至可能诱发畸变。例如，长期暴露于石油泄漏环境中的幼鱼，其心脏功能可能出现异常，导致游泳能力下降和生存率降低，甚至出现行为异常和身体畸变。镉和砷对海洋动物均为高毒性物质，可产生致畸、致癌、致突变作用。此外，不同种类的海洋动物对环境污染物的耐受性不同，例如六价铬对无脊椎动物的毒性比鱼类大得多，其中牡蛎对铬最敏感。

1. *海洋污染物对海洋生物形态结构的影响*

生物体形态结构的变化程度是生态毒理学的重要指标。当污染物作用于海洋中的鱼类时，可使鳍、骨骼等组织器官变形，还可以形成肝肿瘤等疾病。例如，船舶外体防腐剂三丁基锡（TBT），可引起疣荔枝螺等软体动物的性畸变，导致雌性个体出现雄性特征；在游艇经常停泊的港口水域中，TBT 污染还导致牡蛎个体的畸形，出现贝壳加厚、壳内空间变小等现象。

2. *海洋污染物对海洋动物行为的影响*

污染物的存在可以改变海洋动物的正常行为，造成行为毒性。研究较多的是回避行为、捕食行为和警惕行为。回避行为是指海洋游泳动物（如鱼、虾、蟹等）主动避开被污染的水域，转而游向清洁水域的行为。有研究发现，导致梭鱼出现50%回避率的铜、锌浓度分别为4.3mg/L和7.2mg/L，而镉浓度高于10mg/L。

梭鱼对铬的回避反应很迟钝，当剂量达100mg/L也未出现回避反应。回避行为会使种群的组成、区系分布随之改变，打破原有的生态平衡，还会使一些经济鱼类失去索饵场和产卵场，到达不适合产卵的水域产卵，孵化出来的鱼苗成活率降低。

捕食行为是指大型海洋动物的捕食能力和捕食活动。它取决于多种因素，其中最主要的是食欲、搜索猎物的策略和感觉系统。污染物可以影响动物的食欲，最终导致捕食的停止；污染物还可以影响搜索猎物的策略和感觉系统，降低捕食能力，影响对猎物的选择，降低捕捉猎物的效率。捕食行为的受损将直接影响生物获取食物资源的能力，进而阻碍其正常的生长发育和繁殖过程。

海洋动物凭借警惕行为得以逃避被捕食，然而，污染物的毒性作用会破坏这种警惕行为，使它们变得易于被捕食，进而增加了死亡率，最终导致种群数量的减少。

3. 海洋污染物对海洋生物发育和繁殖的影响

海洋污染物的存在会直接或间接地干扰生物的生长、发育和繁殖过程，特别是其中的环境激素类物质，能够影响海洋动物的性激素分泌与功能，导致生殖腺结构与功能异常，进而引发不育或繁殖率下降。再如，TBT等有机锡化合物能导致海洋腹足类性畸变，并可降低海洋鱼类胚胎的孵化率，引起明显的形态异常。鱼和虾对油类的敏感浓度为0.05mg/L，石油可以降低鱼类的繁殖力，使鱼卵难以孵化，孵出鱼苗多呈畸形，死亡率高。锌作为微量元素在生物代谢中有重要作用，但浓度较高时能降低鱼类的繁殖力，如锌污染能使雌性鱼产卵次数明显减少。

（五）种群水平

海洋污染物的毒性作用，严重时可在种群水平上表现出来，主要体现在种群基本特征的改变上。

1. 种群的密度和数量的改变

海洋污染不仅导致许多海洋生物种群数量减少，甚至灭绝，还可能引起耐污生物种类的个体数量猛增。例如，塑料垃圾污染导致海鸟种群受到前所未有的威胁，影响了海洋生物的生长、繁殖和存活率。此外，污染物可能通过食物链富集，影响人类健康，如致癌物质、重金属等。再如，在富含营养盐的大气中，如果遇到局部降雨，这种湿沉降使表层海水中叶绿素和浮游植物的生物量在短期内迅速增加，有可能导致表层海水的暂时富营养化、藻类大量繁殖和赤潮发生。

2. 种群结构的改变

海洋中的环境激素类污染物，不仅可影响种群的繁殖，还可影响生物的性别发育，造成性别逆转，改变种群的性别比例结构。由于幼体期生物相较于成体期对污染物更为敏感，长期污染会导致幼体死亡率上升，加之卵的孵化率降低，这使得种群中年轻个体数量减少，老年个体占比增加，从而改变了种群的年龄结构，呈现出老化的趋势。

（六）群落与生态系统水平

1. 海洋污染物对群落结构和物种多样性的影响

在海洋污染物的长期作用下，群落中对污染物敏感的生物种类转变为稀有种，甚至完全消失，造成耐污生物种类的个体数量增多，从而导致物种多样性下降，结构单一化，影响了生态系统的物质循环、能量流动和信息交流过程，降低生态系统的自我调节等各种功能，严重时将导致整个生态系统的崩溃。海洋藻类急性毒性试验表明，苯并［*a*］蒽和荧蒽两种PAHs可显著降低海藻的生物量，且藻细胞粒径越小的海藻，对污染物的敏感度越高。

在有机污染严重的水域，小头虫数量明显增多，可占群落总生物量的80%～90%，从而降低群落的生物多样性，使生态平衡失调。通过可控的生态系统模型试验，发现低浓度的铜、汞、镉和PCBs能改变初级生产者的种类组成，进而改变食物链的类型。许多海洋生物对重金属、有机氯农药和放射性物质具有很强的富集能力，它们可以通过直接吸收、生物富集和食物链（网）的放大、转移，参与生态系统物质循环，干扰或破坏生态系统的结构和功能，甚至危及人体健康。

人类的过度捕捞活动虽然没有把污染物带入海洋，但对海洋生态系统的生态平衡危害极大。过度捕捞不仅让生态系统的承载极限岌岌可危，还促使捕捞对象个体趋向小型化，重要经济物种的数量急剧下降乃至灭绝，食物链趋于单一，进而引发生态系统结构的深刻变革。此外，海水养殖业使滨海湿地生境改变或丧失，造成群落组成类型的改变。据研究发现，厄尔尼诺现象的增强导致了海洋食物链的显著冲击，特别是影响到大洋食物网的底层，造成浮游植物数量减少，进而引起整个海洋食物网的崩溃。

2. 对群落演替的影响

生态系统是生物群落与生境相互作用的统一体，这种相互作用的结果导致整个生态系统的定向变化，即群落的生态演替。依据控制演替的主导因素不同，将群落的生态演替划分为自源演替（自发演替）和异源演替（被动演替）。

自源演替是由群落内部生物学过程所引发的演替，其显著特点是由于群落中某种群的活动而改变其环境，这种被改变的环境对该种群本身不利，而对其他种群有利，从而被另外的物种所取代。这是群落演替的最基本和最普遍的原因。

异源演替是由外部环境因素的作用引起的演替。气候变动、地形变化、人类生产以及污染物作用等原因引起的群落演替都属于异源演替。如果一个海区（如河口湾等）由于严重污染而引起的异源演替过程超过了自源演替过程，那么群落的发展趋势就可能与自源演替方向相反，生态系统就难以保持相对稳定，甚至有可能导致原有生态系统的崩溃。

第三节　水环境污染物检测与治理技术集成

随着工业化进程的推进和城市化进程的加速，水体污染的种类和来源日趋复杂，包括工业废水、生活污水、农业化学品流失等，水质恶化的趋势也愈加明显。因此，水环境污染物的检测与治理技术的研究和应用显得尤为重要。

一　水污染物检测方案与检测技术

（一）水污染检测方案

1. 地表水污染检测方案

（1）收集资料

地表水污染检测的首要任务之一是确保样品的代表性，采样断面和采样点的选取直接影响到检测结果的准确性。为科学合理地选定采样断面与采样点，需开展系统的调研与数据搜集工作，涵盖但不限于以下方面。

第一，水体的水文条件、气候条件、地质构造及地貌特征，这些要素对水质波动及污染物扩散具有直接且关键的影响。

第二，水体沿岸的城市布局、工业区的分布、污染源的具体位置及排污情况，以及城市的给排水系统现状，这些是评估污染源影响的关键。

第三，水体周边资源的现状，尤其是森林、矿产、土壤、耕地等资源的分布，特别要关注植被破坏与水土流失等环境问题。

第四，水资源的用途、饮用水源的分布情况，特别是重点水源保护区的划定，这对于饮用水质量监控至关重要。

第五，实地勘查需关注现场的交通条件及水体结构特征，具体涵盖河道宽度、湖泊容积与深度，以及水体的物理化学特性，尤其应重视湖泊的生物多样性和沉积物状况。

第六，对历史数据的收集，特别是已有的水质分析资料，同时应在需要设置断面的河段上进行若干调查断面的采样分析。

（2）检测断面、设置采样点

检测断面和采样点的合理设置应依赖于检测的目的、项目及样品的类型，综合上述资料分析，确定最具有代表性的采样位置。具体的设置原则如下。

第一，检测断面的设置原则。检测断面应选设于水体的关键位置，如废水排放较为集中的居民区、工业区及重要水源区，以确保能够有效监控和评估主要污染物的排放情况。此外，湖泊、水库及河口等重要水域的主要入口、出口，也应设立检测断面。此外，对于受潮汐影响的河段、严重水土流失区以及国际河流的出入口等区域，亦需设置相关断面。

第二，河流检测断面的设置。河流检测断面应设置为对照断面、控制断面和消减断面。对照断面设在河流未受污染的源头，控制断面设在废水排放口下游，消减断面则设于污染物稀释后的水段。对于特定区域如水产资源区、风景区等，亦应根据具体情况增加检测点。

第三，湖泊、水库检测断面的设置。湖泊与水库的检测断面布局需依据水体功能区的划分精心策划，普遍在水体进出口、特定功能区以及水生生物的重要栖息地带巧妙设置检测站点。

第四，采样点位的确定。根据水面宽度和水深，设置采样垂线并确定采样点的具体位置和数量。对于大水体，需设置多条垂线并增加深度采样点，以保证样品的代表性和可比性。

（3）选择采样时间与频率

采样时间与频率的精心选定至关重要，需确保所采集的水样能够精准捕捉水质随时间与空间变化的微妙动态。一般来说，较大的水系和污染较为严重的水域，应增加采样次数，确保能覆盖丰水期、枯水期和正常水期的变化。此外，对于潮汐水域，应在涨退潮时分别采样，以反映潮汐变化对水质的影响。其他特殊水域，如湖泊水库，也应根据具体污染情况调整采样频率。

（4）结果表达和实施计划

水污染检测的结果需要通过科学的计算与数据处理，并按规定形式在检测报告中呈现，以便为水环境质量的评估和管理提供决策支持。同时，质量保证措施应贯穿于整个检测过程，以确保数据的准确性和可靠性。实施计划则需针对具体检测方案进行详细安排，确保各项工作有序、协调地执行，以达到预期的检测效果。

2. 地下水污染检测方案

（1）明确地下水特征

在制订地下水污染检测方案之前，充分了解地下水的特征至关重要。地下水的形成是一个复杂过程，受地质构造、自然地理格局及人类活动的多元交织影响。

地质因素对地下水的形成具有深远影响，尤其体现在岩石的性质和结构方面。岩石与土壤的细微孔隙，宛如地下水的藏身之所与流通渠道，为其储存与流动奠定了坚实基础。此外，地下水的流动与分布受到地形、气候和水文条件的显著影响。不同的气候、岩性类型和水文条件会导致地下水化学成分的差异，例如常见的阳离子 Ca^{2+}、Mg^{2+}、Na^{+} 和阴离子 HCO_3^-、SO_4^{2-}、Cl^-。这些化学成分的形成与地下水的溶滤作用、浓缩作用、脱碳酸作用、脱硫酸作用、阳离子交替吸附作用、混合作用及人类活动作用密切相关。随着时间的推移，这些特性在地下水循环过程中会发生变化。地下水的化学成分形成过程，实际上是一个不断变化的动态过程，受到补给条件、水流动力学以及生物作用等多方面因素的制约。

根据地下水的埋藏条件和水层类型，地下水可以分为上层滞水、潜水和承压水，也可以依据含水层空隙性质的不同分为孔隙水、裂隙水和岩溶水。因此，在地下水污染检测中，选择具有代表性的水样需综合考虑地下水的类型，并结合地理、地质、气象、水文、生态和环境等多学科知识。

地下水在水质检测中的特殊性主要表现在以下方面。

第一，地下水的流动速度相对较慢，因此水质参数的变化较为缓慢。地下水一旦蒙受污染，修复之路漫长且艰难，有时甚至难以重归清澈。

第二，地下水的埋藏深度直接影响其温度变化规律。接近地表的地下水温度会受到气温变化的影响，呈现周期性波动；而深层地下水的温度通常较为稳定，水温的变化幅度不超过0.1℃。然而，地下水样本一旦被移至地面，其温度往往会经历显著变化，这一变动随后会影响化学反应速率，打破原有的化学平衡，甚至对微生物的生长速率构成影响。

第三，地下水在地下环境中通常承受较大的压力，这使得其与地表水在环境条件上有所不同。水样一旦被提取至地表，溶解于其中的气体溶解度便可能发生变动，进而触发一连串的化学反应。例如，地下水中可能富含 H_2S，而溶解氧较低。取出后，H_2S 可能逸出，同时大气中的 O_2 溶入地下水中，这会导致氧化还原反应的发生，从而改变水质。此外，CO_2 的溶解或逸出也会引起 pH 值的变化。

第四，在采样过程中，由于采水器的吸附或污染作用，以及某些水质组分的损失，可能导致水样的真实性受到影响。

（2）调查研究、收集资料

地下水的特性决定了地下水布点的复杂性，因此，在布点前进行调查研究和资料收集至关重要。首先，应收集并汇总检测区域的水文、地质、气象等相关资料，以及以往的检测数据。这些资料涵盖了地质图、剖面图、测绘图等图件，以及地下水井的详尽参数、含水层特征描述、地下水补给、径流与流向分析，同时包括了区域温度、湿度、降水量等一系列气象数据。其次，需要调查检测区域内的城市发展、工业分布、资源开发和土地利用情况，特别是地下工程的规模与应用。此外，了解化肥和农药的使用范围与施用量，明确污水灌溉、排污、纳污及地面水污染现状也是必要的步骤。再者，需通过测量或查询获取准确的水位与水深数据，据此选定合适的采水器与泵类型，并估算采样成本，规划出具体的采样流程。最后，基于以上调查结果，应识别主要污染源及污染物，并根据地区特征和地下水的主要类型，将地下水划分为若干个水文地质单元。

（3）设置采样点

地下水采样点的设置因地质结构的复杂性而显得尤为复杂。由于所采集的水样只能代表含水层中平行和垂直方向上的一小部分，因此，合理选择采样点对确保检测结果的代表性和准确性至关重要。目前，地下水污染检测主要集中在浅层地下水（即潜水）上，通常优先利用各水文地质单元中的现有水井（包括机井）。同时，对于深层地下水（即承压水）各层水质的检测亦不可忽视。

地下水采样井的布设方法应根据以下要求进行。

第一，在以下地区应优先布设采样井：地下水作为主要供水水源的地区；饮用水型地方病高发区（如高氟病区）；污水灌溉区、垃圾堆积场及地下水回灌区；污染严重的地区。

第二，在平原及盆地地区，地下水采样井的布设密度通常为每 200km^2 布设 1 个采样井。在重要水源地或污染较为严重的地区，应适当增加密度；而在沙漠区、山丘区和岩溶山区等特殊区域，应根据实际需要，选择典型代表区布设采样井。

第三，根据区域的水文地质单元状况以及地下水的主要补给来源，特别是在污染区的外围，应设置背景值检测井，通常位于地下水水流方向的垂直水流区域。此外，可根据本地区地下水流向及污染源分布情况，采用网格法或放射法进行采样井的布设。

第四，在多级深度井的地区，应根据不同水层深度布设多个采样点，以便全面获取不同深度层次的水质数据。

（4）确定采样时间与频率

采样时间和频率的确定应依据不同检测需求进行规划。背景值检测井应每年进行一次采样。对于全国重点基本站，采样应每年进行两次，分别在丰水期和枯水期进行。对于地下水污染问题严重的控制井，需每季度实施一次采样作业。若地下水作为生活饮用水源，则应每月进行一次采样。其他检测井的采样频率则需根据其设置目的与具体要求进行相应调整。

（二）水污染检测技术

1. 物理性质检测

（1）水温检测

一般情况下，对水温进行检测的方式常用的主要包括三个方面：热敏电阻温度计法、颠倒温度计法以及水温计法。按照平衡电桥式电导仪来讲，自然水的温度一般都会在−40℃到70℃之间，所以，在运用水温计法来对水温进行测量的过程中，日常最为常用的就是编码为LM86104的水温计，这个编码的水温计不仅仅能够对测温的实际范围进行设定，还能够轻松地换算摄氏度以及华氏度，如果出现水的温度超过所设定的测温的范围，就会每隔10min提示一次。这种水温计的电池的实际使用时间相对而言是比较高的，一般情况下都不小于6个月[❶]。

水温检测方法的原理如下。

第一，热敏电阻温度计法。热敏电阻温度计法通过铂电阻或热敏电阻等感温元件来测量水温。当水温变化时，感温元件的电阻值随之变化，进而破坏平衡电桥的平衡状态，产生电压信号输出。借助电阻变化与电桥输出电压之间的精确数学关系，能够实现对水温的高精度测量，该方法具备卓越的精确度，尤其适用于那些要求连续且高精度温度检测的应用场景。

第二，颠倒温度计法。颠倒温度计法常用于深层水温的测量，通常需与采水器配合使用。该设备由主温表和辅温表构成。主温表为双端水银温度计，用于测量水温；辅温表为普通水银温度计，用于校正因环境变化导致的温度读数误差。测量时，温度计被沉入水中，经过7min后立即取出，依据辅温表的读数进行校正。

第三，水温计法。水温计通过安装于金属半圆槽内的水银温度表进行水温测量。温度计的水银球部分悬于金属贮水杯中，测量时将水温计插入水中，待5min后迅速取出并读取温度。该方法主要应用于浅层水体，其温度测量范围在−6℃至41℃之间，且最小分度可达0.2℃。

（2）pH值检测

pH值是常用的水质指标之一。它表示水的酸碱性的强弱，而酸度或碱度是水

---

❶ 张玉龙．水环境及其水污染的检测技术探讨［J］．城市建设理论研究（电子版），2017，（17）：177-178.

中所含酸性或碱性物质的含量。

第一，测量方法及原理。水的 pH 值测定常用方法包括玻璃电极法和比色法，此外，pH 试纸可用于粗略测定水样的 pH 值。

比色法的原理是利用不同 pH 值下酸碱指示剂表现出的颜色变化，通过比色判断水样的 pH 值。操作时，将标准缓冲溶液和指示剂制成标准色液，取相同量的水样，加入相同指示剂后，通过目视与标准液比色，进而确定水样的 pH 值。然而，含有较高游离氯、氧化剂、还原剂或有色、浑浊的水样不适宜使用该方法。

玻璃电极法基于 pH 玻璃电极和饱和甘汞电极的原理，二者与被测溶液组成原电池，在标准温度下，每变化一个 pH 单位，电位差会变化 59.1mV。该方法通过电压表读取并直接显示水样的 pH 值，温度变化通过温度补偿装置进行校正。玻璃电极法精确、快速，能有效避免水的色度、浑浊度及其他物质的干扰。

第二，pH 检测仪。pH 检测仪包括复合式 pH 玻璃电极、温度自动补偿电极、夹具、电极连接箱、专用电缆及放大指示系统等组件。为防止电极表面附着污物，检测仪配有超声波清洗装置，能够定期自动清洁电极，确保测量结果的准确性。

(3) 浑浊度检测

浑浊度是水体中悬浮物对光线透过的阻碍程度，受水中泥土、粉砂、有机物、无机物、浮游生物以及微生物等因素的影响。浑浊度的测定方法主要有分光光度法和目视比浊法，以下为其原理和要点。

第一，分光光度法。分光光度法的基本原理是通过硫酸肼与六亚甲基四胺反应生成高分子聚合物，该聚合物溶液被用作浑浊度标准溶液。通过与水样的浑浊度进行比较，可得出水样的具体浑浊度。标准曲线的绘制需通过调配不同浓度的标准溶液并测定吸光度，利用比色法确定水样的浑浊度。测定过程中需要注意确保硫酸肼的安全使用，并采取适当的实验条件来避免误差。硫酸肼具有毒性和致癌性，需小心操作。水样需尽快测定，或在冷暗处妥善保存（不超过 24h），同时确保所有实验器具的清洁，以保证实验结果的准确无误。

第二，目视比浊法。目视比浊法基于水样与标准硅藻土溶液的比较，采用视觉观察确定浑浊度。标准溶液的配制过程涉及将硅藻土与水混合并经过多次稀释，最终制得不同浑浊度值的标准溶液。通过与水样浑浊度相匹配的标准溶液进行比对，可以估算水样的浑浊度。

(4) 透明度检测

透明度的检测方法主要包括透明度计法和透明度圆盘法，这两种方法各具特点，适用于不同类型水体的透明度测量。

第一，透明度计法。透明度计由一个长约600mm、内径25mm的无色玻璃筒组成，筒底放置一个白色标志板，筒与标志板之间用胶皮圈固定。透明度计的测量原理是将水样装入透明度筒中，通过逐步降低水柱高度，直到上方能够清晰地看到标志板的印刷或测试标记为止。此时的水柱高度即为透明度值，通常以厘米为单位记录，精确度为10mm。此方法特别适用于天然水体及轻度污染水体的透明度测定。

在使用透明度计时，需注意悬浮物质的沉积可能导致测量误差。照明条件应尽量保持一致，建议使用白色光源，并避免直射阳光。同时，应选择视力正常的测定者，并尽可能多次测定以减少误差。

第二，透明度圆盘法。透明度圆盘法适用于地面水的现场透明度测定，使用的透明度圆盘为直径200mm的生青铜圆盘，盘面分为黑白相间的四个部分。测量时，使用吊绳将圆盘放入水中，直到从上方观察几乎无法看到圆盘为止。记录浸入水中的深度，精确到10mm（1m以内）或0.1m（1m以上）。

注意事项包括不适宜在雨天、大量浑浊水流入水体或水面有较大波浪时进行测定。透明度圆盘应保持清洁，必要时需重新涂漆，以保证测量的精确度。同时，在水流较强时，应通过增加重锤的重量来稳定盘面。

2. 金属化合物的检测

(1) 水中铬的检测

铬（Cr）在水体中常见的化学价态为三价和六价。六价铬通常以CrO_4^{2-}、$Cr_2O_7^{2-}$、$HCrO_4^-$等阴离子形式存在，其在水中的转化受pH值、有机物、氧化还原物质、温度及硬度等多种因素的影响。铬为生物体必需的微量元素之一，但其毒性与所处的价态密切相关。六价铬的毒性通常比三价铬高出100倍，且其易被人体吸收并在体内蓄积，长期暴露可能导致严重的健康问题，如肝癌。因此，六价铬被视为水污染的重要检测指标之一。铬的污染主要源自含铬矿石的加工、金属表面处理、皮革鞣制以及印染等行业的废水排放。

铬的检测方法多样，具体的测定方法取决于其应用范围及样品类型。二苯碳酰二肼分光光度法适用于地表水和工业废水中六价铬的测定，该方法具有较高的灵敏度，能在较低的铬浓度下提供准确测量。火焰原子吸收分光光度法则用于地表水和废水中的总铬测定，适用于较广泛的浓度范围，其最低检测限为0.03mg/L。硫酸亚铁铵滴定法则专用于废水中较高浓度（>1mg/L）总铬的测定，适用于较高浓度的铬污染样品分析。选择何种方法需严格依据实际的检测需求以及样品的独特特性。

（2）水中砷的检测

砷（As）是一种人体非必需元素，虽然单质砷的毒性较低，但其化合物具有高度毒性，尤其是三价砷化合物比五价砷化合物毒性更为强烈。水中砷的毒性不容忽视，特别是有机砷对人体和生物具有剧毒作用。砷可通过呼吸道、消化道及皮肤接触进入人体，且当摄入量超过排泄量时，会在肝、肾、肺、脾、子宫、胎盘、骨骼及肌肉等器官中蓄积，导致慢性中毒，其潜伏期可长达数年甚至数十年。慢性砷中毒会引发消化系统、神经系统的一系列症状，同时导致皮肤病变，且具备致癌潜力，特别是增加皮肤癌的风险。尽管土壤、水、空气、植物和人体内均含有微量砷，但在正常浓度下一般不构成健康威胁。砷也是我国实施排放总量控制的指标之一。地表水中砷的含量差异较大，受水源和地理条件影响，通常淡水中砷的含量为0.2～230μg/L，平均为0.5μg/L，而海水为3.7μg/L。砷的污染主要源自采矿、冶金、化工、化学制药等行业的废水排放。

砷的测定方法根据不同的应用需求选择。常见的测定方法包括新银盐分光光度法、二乙基二硫代氨基甲酸银光度法、氢化物发生原子吸收法和原子荧光法等。新银盐分光光度法具有快速、灵敏度高的特点，适用于水和废水中砷的测定，尤其适合天然水样。二乙基二硫代氨基甲酸银光度法适用于水和废水的分析，但由于使用三氯甲烷，可能对环境造成污染。氢化物发生原子吸收法适用于地下水、地表水和基体不复杂的废水样品，具有较高的灵敏度和适用范围。原子荧光法适合于地表水和地下水中的痕量砷检测，具有较低的检出限。每种方法均针对特定的样品类型和检测需求展现出不同的优势和适用性。

（3）水中汞的检测

汞（Hg）及其化合物被归类为剧毒物质，具有在生物体内蓄积的特性。无机汞进入水体后，能够转化为毒性更强的有机汞化合物，继而通过食物链传递，最终对人体健康造成威胁。自然水体中的汞含量普遍较低，一般维持在0.1μg/L以下。然而，在一些工业活动中，如仪表制造、食盐电解、贵金属冶炼、温度计生产以及军工生产等，废水中可能存在较高浓度的汞污染。因此，鉴于汞的极高毒性及其对生态环境和人类健康的严重威胁，我国已将其纳入排放总量控制的监测项目之一，以加强汞污染的监管。

针对水中汞的检测，常用的测定方法包括冷原子吸收法、冷原子荧光法以及双硫腙分光光度法等。冷原子吸收法具有较高的灵敏度，适用于地表水、地下水、饮用水、生活污水及工业废水的检测。在最优实验条件下，该方法能检测到最低0.05μg/L的汞浓度，适用于低浓度汞的检测。冷原子荧光法则适用于含汞较低的水样，具有更低的检出限（0.005μg/L），能够有效检测汞在水中的微量存在。双硫腙分光光度法则主要用于生活污水、工业废水及污染较重的地表水，适用于较高浓度汞的检测，其最低检出浓度为2μg/L，最大测定浓度为40μg/L。根据水样类型和汞的浓度水平，选择合适的检测方法是确保汞污染检测精准的关键。

二 水污染物理处理技术

（一）筛滤法

筛滤法是一种利用机械设备阻力截留作用，有效去除污水中粗大漂浮物及悬浮物的水处理方法。筛滤法简单、实用，主要作用是拦截污水中的固态污染物，防止管道机械设备及其他装置的堵塞，保证后续处理单元的正常运行和处理效果。常用的设备有格栅和筛网。

1. 格栅

格栅是污水处理系统中的首要构筑设施，其主要功能在于拦截进入水体中的大颗粒悬浮物与漂浮污染物，从而减轻后续处理单元的负担，保护水泵与管道等机械设备免受磨损或堵塞，确保系统的持续稳定运行。格栅由排列有序的金属栅条与框架构成，其结构参数及安装位置对截留效率具有决定性影响。栅渣即由格栅截留的污染物，其含水率高，容重大，数量受区域特点、污水类型及栅条间隙等多重因素影响。格栅的类型按栅条间距分为粗格栅、中格栅与细格栅，分别用于拦截不同粒径的污染物。城市污水处理厂常采用粗细两级格栅联合运行，以优化水力条件并提高截留效率。栅条断面通常采用矩形形式，以兼顾水流阻力与结构强度。设计时应控制过栅流速在合理范围内，以防止污染物沉积或再悬浮，保障格栅截留功能的持续发挥。

2. 筛网

筛网作为一种高效的物理预处理手段，近年来在城市污水处理中的应用日益广泛。其主要功能在于有效截留污水中的纤维素等细长纤维状污染物，特别是在城市生活污水中含量日渐增加的纤维类杂质。这不仅减轻了后续处理环节的负荷，而且通过提高预处理阶段的截留效率，有助于提升整体污水处理系统的运行效率。原本多用于纺织、造纸、化纤等工业废水的筛网处理技术，已逐渐推广至市政污水处理系统中，成为提升系统运行稳定性的重要保障。

在选择筛网时，需依据水中杂质的种类与粒径特性进行合理匹配。对于需去除纤维、纸浆、藻类等微小杂质的处理场景，应选用孔径适宜的筛网。一般而言，孔径小于10mm的筛网被广泛应用于工业废水的预处理阶段，用以截留大于3mm

的漂浮杂质。而孔径小于0.1mm的细筛网，则适用于出水的深度处理或再生水回用环节。

在构造与运行方式上，筛网主要分为振动筛网与水力筛网两类。振动筛网通过机械振动实现固液分离，其倾斜筛面有助于污物自动卸载并进一步脱水；水力筛网则依赖废水自身的动能和重力作用进行旋转运行，筛体采用圆锥结构设计，使得污水在径向流动过程中能够有效截留污染物并顺利排出清水。为确保旋转筛的正常运行，进水管道需设计合理，以形成足够的流速冲击导水装置，从而驱动筛体旋转。

在设计水力筛网系统时，应维持适当的进水压力，具体压力值视筛网结构与水质特性而定。此外，格栅或筛网截留物需妥善处置，常用方式包括卫生填埋、高温焚烧及堆肥利用。若采用栅渣回流方式，应在沉砂池后设粉碎机处理，避免大颗粒无机物造成设备损坏，且应在粉碎前剔除大型织物，以保障系统安全运行。

（二）重力分离法

重力分离法是一种基于悬浮颗粒与水之间密度差异实现固液分离的处理技术，其核心机制在于利用重力作用，使密度大于水的悬浮物下沉，密度小于水的则上浮，从而实现污水中颗粒物的去除。该方法可细分为沉淀法与上浮法，其中前者更为普遍。重力分离法作为废水处理中的一种物理处理方法，利用废水中悬浮微粒和水的密度差，通过沉降法或上浮法实现悬浮物质与水的分离，从而净化废水。该方法不仅适用于处理流程的前期准备环节，还广泛用于分离沉淀物、浓缩污泥以及去除浮油等。

重力分离法的设备类型主要分为沉砂池和沉淀池，具体如下。

1. 沉砂池

沉砂池主要用于去除密度较大的无机颗粒。其基本原理在于控制流速，使重颗粒沉降而轻颗粒随水流带走。按水流形式与结构不同，沉砂池可分为平流式、竖流式与曝气式三种。

（1）平流式沉砂池

平流式沉砂池结构简洁、运作稳固，凭借调节水流速度和底部倾斜度，高效达成沉砂及排砂目的。

（2）竖流式沉砂池

该类型沉砂池的处理效果相对较低，其主要依赖水流自下而上的运动形式实现重颗粒沉降。

（3）曝气式沉砂池

为克服普通沉砂池中沉砂有机含量较高的问题，曝气式沉砂池借由安装曝气设备，加大了颗粒间的摩擦力度，提升了有机物分离成效，进而令沉砂更为纯净。此外，曝气过程具有预曝气、防厌氧分解及脱臭等多重功能，利于后续工艺的稳定运行。

2. 沉淀池

沉淀池是常用的固液分离设施，依据不同处理阶段，可区分为初次沉淀池及二次沉淀池。前者用于一级或二级处理的前端，后者则为生物处理过程的组成部分，用于泥水分离。

按水流方向不同，沉淀池可分为平流式、竖流式与辐流式；按处理流程功能，又分为初次与二次沉淀池。初次沉淀池主要负责去除颗粒物和减轻有机物负荷，而二次沉淀池则是在生物处理后用于实现泥水分离，对于提升整体处理效率至关重要。

（三）离心分离法

离心分离法是基于高速旋转所产生的离心力场，使混合体系中组分因质量和密度差异而实现分离的物理方法。当废水处于高速旋转状态时，悬浮颗粒受到离心力与液体向心阻力的共同作用。理论上，离心场中的质点可承受的离心力可达重力的数十倍甚至数百倍，因此该方法在分离效率上远优于重力沉降法。

根据产生离心力的方式，离心分离设备可分成水力旋流器和离心分离机两种类型。前者利用固定设备，通过水流在设备内的旋转运动产生离心力；后者则是设备自身旋转，带动液体旋转以产生离心力。

1. 水力旋流器

水力旋流器通过液体旋转运动实现离心分离，结构简单，无需机械驱动部件，按运行方式又分为压力式和重力式两种。

（1）压力式水力旋流器

压力式水力旋流主体由上部圆筒和下部圆锥体组成，进水沿切线方向进入设备，形成高速旋流。粗大颗粒因受较强惯性力而迅速向外迁移并由底部排出，而细小颗粒在未完全被离心作用迁移至外层前，即随内旋流上升并随溢流排出。设备的分离效果受多种因素影响，包括结构参数（例如筒体直径、进水口尺寸）以及工艺参数（例如进水压力、悬浮物粒径）。其优点在于处理能力大、结构紧凑，但能耗高，且易出现磨损。

（2）重力式水力旋流器

重力式水力旋流器的运行依靠进出口间的压差驱动液体旋转，并结合重力作用完成分离。重质颗粒在旋转过程中向外壁沉降，并最终由底部清除。与压力式相比，该设备能耗低，设备寿命较长，但其结构庞大，安装施工相对复杂。

2. 离心分离机

离心分离机通过转鼓等构件的高速旋转产生强离心力，实现高效固液分离。根据分离因数的大小可分为常速离心机及高速离心机；按结构形式则分为过滤式、沉降式等类型。

（1）常速离心机

常用于污泥或沉渣处理，分离效果受悬浮物性质和离心机转速的共同影响。在操作中，应确保水与颗粒间存在足够密度差。间歇式过滤离心机利用滤布实现固液分离，适用于小规模处理；而转筒式离心机则依据沉降原理，结合螺旋刮刀设计，实现连续分离，具有更强的适应性和更高的处理效率。

（2）高速离心机

转速高于 5000r/min，适用于分离细微颗粒及乳化物质。根据结构不同，分为管式和盘式。其分离精度高，适用于精细处理过程，但对设备结构及平衡要求较高。

三　水污染化学处理技术

（一）混凝法

混凝剂投加至污水中可促使胶体颗粒脱稳并聚集下沉，主要通过凝聚与絮凝过程实现。凝聚主要依赖于胶体电性变化，絮凝则借助高分子物质架桥作用。在实际过程中，不同类型混凝剂作用机制并非彼此独立，而是可能交织发生，仅以主导机理为差异。

在污水混凝处理中，实际效果往往依赖多种机理协同作用。低分子量的电解质混凝剂更偏向于通过压缩双电层与电中和机理促使凝聚；而高分子聚合物混凝剂则主要通过吸附架桥产生絮凝。因此，二者在投加与控制中需根据水质特征及处理目标进行有针对性地选择和应用。

1. 混凝剂

混凝剂作为水处理过程中核心药剂，其选择应满足混凝效果显著、对人体无害、成本适中、操作简便等基本要求。按组成及作用机制，混凝剂可分为无机盐类与有机高分子类两大类。

无机盐类混凝剂以铝盐和铁盐为主。铝盐类中，硫酸铝较为常用，它在适宜的 pH 范围内展现出良好的混凝效果，且操作简便。不过，在低温条件下，硫酸铝的水解过程会变得困难，导致絮体形成质量降低。聚合氯化铝凭借其预先聚合而成的高效混凝形态，展现出宽泛的水质适应力与出色的低温表现，其投加量较传统铝盐显著减少。铁盐方面，三氯化铁具有较强混凝能力和宽广的 pH 适应范围，但存在色度高、腐蚀性强及储存不便等问题。硫酸亚铁需经过氧化处理，转化为三价铁形态，方能充分发挥其混凝效能。聚合铁盐在机制上与聚合铝盐相似，具有投加量小、反应迅速及广泛适应性等优势，逐渐成为混凝应用的重要方向。

有机高分子混凝剂分为天然与人工合成两类，按离子特性可分为阳离子型、阴离子型与非离子型。其中，人工合成的聚丙烯酰胺广泛应用，其可通过结构改性获得不同离子形态，适应多种水处理需求。该类混凝剂具有分子量大、链结构长、吸附能力强等特点，在胶体微粒絮凝方面表现出优越性能。阳离子型对负电胶体既可吸附又能实现电中和，脱稳效果显著；阴离子型则多用作助凝剂，增强絮体结构强度。尽管高分子混凝剂在效果上表现优异，然而其应用范围仍受限于复杂的合成过程、高昂的成本以及单体毒性等问题。

2. 助凝剂

在某些复杂水质条件下，单一混凝剂难以达到理想处理效果，需辅以助凝剂以增强混凝效果。助凝剂可协同参与絮凝过程，亦可作为辅助调节剂使用。按功能划分，助凝剂主要包括三类：第一类为酸碱类助凝剂，它们的主要作用是调节体系的 pH 值，从而确保混凝剂能在最佳条件下反应。第二类助凝剂为高分子类，它们通过吸附架桥作用，有效增大絮凝体颗粒的体积并提升其紧实度，常用的药剂有聚丙烯酰胺、活化硅酸等。第三类助凝剂为氧化剂类，它们利用自身的氧化作用，有效分解水中干扰混凝的有机物，从而进一步提升主混凝剂的处理效果。合理选用与组合助凝剂，是实现高效、稳定混凝处理的关键手段。

（二）中和法

中和法主要通过酸与碱的反应生成盐和水来实现废水的中和处理。该反应的关键点是酸与碱在等当点时反应量恰到好处，称为中和反应的等当点。对于强酸和强碱的中和，所生成的盐通常不发生水解，因此其反应的等当点即为中性点，溶液的 pH 值为 7。然而，当其中一方为弱酸或弱碱时，由于生成盐在水中的水解作用，尽管反应达到等当点，最终溶液的 pH 值依然可能偏离中性，这取决于生成盐的水解度。

在中和处理中，所用的化学剂称为中和剂。对于酸性废水的中和，常使用石灰、石灰石、白云石、苏打或苛性钠等中和剂；而对于碱性废水的中和，则主要使用盐酸和硫酸。中和法的具体处理流程可以包括酸性废水与碱性废水的相互中和，或者向酸性或碱性废水中添加药剂进行中和处理，甚至通过过滤中和等方式来完成。

1. 酸碱废水互相中和法

酸性废水与碱性废水的相互中和构成了一种既经济又高效的废水处理方案，其核心在于通过混合两者实现废水的净化目标。该方法的显著优势在于其广泛适用性，不仅能处理各类废水，还兼具操作简便、成本节约的优点。常用的中和设备包括连续流中和池、间歇式中和池、集水井及混合槽等。在水质和水量较为稳定，且后续处理对pH值要求不严的情况下，废水可以直接在集水井或混合槽中进行连续中和反应，无需设立中和池；当水质较为稳定或后续处理中pH值要求较高时，可采用连续流中和池；而对于水质变化较大且水量较小的情况，间歇式中和池则较为合适，其可以有效地完成混合、反应、沉淀等过程。

2. 药剂中和法

药剂中和法则广泛应用于各类酸性废水的处理，尤其在水质和水量波动显著时更显其独特优势。此法能够灵活调节中和过程中的药剂投加量，因此其适应性强，且药剂的利用率较高。常用的中和药剂包括石灰、石灰石、碳酸钠以及电石渣等。石灰因其来源广泛、价格低廉，在酸性废水处理中应用最为普遍。石灰不仅能有效中和酸性物质，还具备强大的凝聚效能，能够应对杂质繁多的废水处理挑战，尤其在高浓度酸性废水的处理中表现突出。

药剂中和法的处理流程通常包括污水的预处理、药剂的制备与投配、混合与反应、中和产物的分离以及泥渣的处理等步骤。在药剂投加过程中，石灰的投加方式可以选择干投法或湿投法。尽管干投法结构相对简单，但其反应速率较慢，且所需投药量偏大，故而湿投法因其高效性而更为常用。在湿投法中，石灰在消解槽内与水进行混合，形成浓度为40%至50%的石灰乳液，再将乳液用水泵送入投配槽中与酸性废水混合，从而完成中和反应。根据废水的不同特性，药剂投加可采取间歇处理或连续流处理方式，前者适用于小量废水的处理中，后者则用于处理较大流量的废水。

四 水污染物化协同处理技术

（一）吸附法

吸附法是一种利用多孔性固体吸附剂，将水中污染物吸附至其表面，从而实现回收或高效去除的环保处理方法。该方法广泛应用于去除水中的微量污染物，处理过程涵盖了色度、臭味的去除、重金属、溶解性有机物以及放射性元素的去除等。吸附法作为污水处理的重要方法之一，不仅可作为离子交换、膜分离等预处理手段去除水中的有机物、胶体物质以及余氯等，而且在二级处理后作为深度处理手段，通过使用如活性炭、沸石等高效吸附剂，确保水质达到回用标准。

1. 吸附剂

常见的吸附剂包括活性炭、吸附树脂、腐植酸等。每种吸附剂具有不同的特点和适用范围，能够有效去除水中的各种污染物。

（1）活性炭

活性炭作为常用的非极性吸附剂，拥有高达 $500\sim1700m^2/g$ 的比表面积以及丰富的微孔结构，因此能高效吸附多种污染物。它主要通过物理吸附作用去除水中的污染物，尽管某些表面氧化物也使其具有一定的化学吸附能力。活性炭在去除重金属离子、农药、溶解性有机物等方面效果显著。其缺点是需要定期再生。

（2）吸附树脂

吸附树脂是具有立体结构的多孔材料，具有较强的选择性吸附能力，且易于再生。树脂的比表面积高达 $800m^2/g$，特别适用于吸附酚类、苯类等多种有机污染物。树脂的再生通常通过溶剂再生，且比活性炭更具稳定性和较强的选择性，适用于复杂废水的处理。

（3）腐植酸

腐植酸是一类具有芳香结构的天然酸性物质，能够吸附水中的金属离子，尤其是阳离子金属如铅、汞、锌等。腐植酸的吸附性能与其丰富的活性基团（如羧基、酚羟基等）有关，具有较好的回收能力和重复使用价值。

2. 吸附剂的再生

吸附剂在使用过程中会逐渐饱和，因此需要定期再生以恢复其吸附能力。再生方法包括加热再生、药剂再生、化学再生和生物再生等。

（1）加热再生

加热再生技术利用高温条件促使吸附质从吸附剂表面有效脱附。常见的加热再生温度在 100～950℃之间，使用水蒸气、惰性气体或氧气作为激活气体。这种方法适用于活性炭等吸附剂的再生。

（2）药剂再生

药剂再生法则采用酸性或碱性溶液以及有机溶剂，将吸附质从吸附剂表面有效解吸下来。无机药剂（如 NaOH、HCl）和有机溶剂（如苯、丙酮）常用于此方法。药剂再生操作简便，但随着再生次数的增加，吸附剂的吸附性能可能会下降。

（3）化学再生

化学再生技术利用化学反应原理，将吸附质转化为可溶解物质，从而实现脱附目的。例如，使用浓硫酸处理含铬废水中的铬离子，或者使用氢氧化钠处理吸附苯酚的活性炭。

（4）生物再生

生物再生技术借助微生物的分解作用，有效去除吸附在吸附剂上的有机污染物，特别适用于有机污染物吸附剂的再生。生物再生具有较低的能耗和较好的环境友好性。

（二）气浮法

气浮法是一种依赖气泡与废水中污染物的疏水性作用，通过浮力分离污染物的水处理技术。其基本工作原理是通过向废水中通入一定尺寸的气泡，使水中的颗粒或油类污染物附着在气泡表面。气泡悠然上浮，带动污染物一同升至水面，交织成气泡、水与污染物共存的三相泡沫层，随后，通过精心设计的泡沫收集过程，实现了污染物的有效分离。气浮法的实现依赖于几个基本条件：①水中的污染物必须具有疏水性，其表面性质影响其能否附着在气泡上；②需要向水中提供足够数量的细微气泡；③污水中的污染物需形成悬浮状态；④气泡与污染物必须发生有效的黏附作用。这些条件彼此依存，协同作用，确保了水与污染物之间的精确分离。

气浮法根据微细气泡的产生方式不同，主要可分为电解气浮法、溶解空气气浮法（即溶气气浮法）和分散空气气浮法（即散气气浮法）三种类型。

1. 电解气浮法

电解气浮法是在直流电的作用下，利用不溶性阳极和阴极对污水进行电解反应。在电极周围生成的氢气和氧气微气泡能够附着于污水中的悬浮物上，进而将其带至水面实现固液分离。

电解气浮法产生的气泡极为细小，直径在10～60μm之间，这一尺寸明显小于散气气浮法和溶气气浮法所产生的气泡。由于气泡尺寸小，在上升过程中不会造成水流扰动，因此具有较强的浮载效能，特别适用于分离脆弱的絮凝物质。

除了固液分离的作用外，电解气浮法还具备一定的生化降解作用，包括降低生化需氧量（BOD）、氧化、脱色及杀菌等功能。

电解气浮技术，作为一种高效的水处理方法，具有处理范围广泛、适应性强、生成泥渣少、工艺简单、设备占地小以及无噪声等优点。它通过电解反应产生微小气泡，吸附并上浮水中的悬浮颗粒，实现固液分离，从而净化水质。该技术特别适用于工业废水处理、城市污水处理及水产养殖等领域。然而，电解气浮法也存在一些局限性，如电耗较大、设备易结垢，且在处理大型生产规模的废水时，扩展应用存在挑战。电解气浮法目前常用于去除污水中的细分散悬浮物和乳化油，其处理规模通常为 $10\sim20m^3/h$。

2. 溶气气浮法

溶气气浮法通过在一定压力下将空气溶解于污水中，随后骤然减压，导致溶解的空气以微小气泡形式从水中析出，从而实现浮选分离。根据气泡析出时的压力条件，溶气气浮法可分为溶气真空气浮法和加压溶气气浮法两种类型。

（1）溶气真空气浮法

溶气真空气浮法是在常压条件下将空气溶解在水中，并在负压条件下析出气泡以进行浮选。此方法动力消耗较少，气泡形成稳定，与絮粒的黏附性强，但溶气量受限，且设备密封要求高，维护复杂，因此实际应用范围较窄。

（2）加压溶气气浮法

加压溶气气浮法是常见的气浮处理方法。在加压条件下，空气被溶解于污水中，形成饱和状态，然后通过减压释放溶解气体，产生微小气泡。污水中的悬浮颗粒与这些气泡黏附后，随气泡上浮到水面形成浮渣，经刮板清除，从而实现水体净化。依据污水中悬浮物的浓度、种类及性质差异，加压溶气气浮法可进一步细化为以下三种类型。

第一，全溶气气浮法。该方法通过泵加压将全部污水加压至 0.3～0.4MPa，使空气溶解。然后，污水通过减压阀进入气浮池，气泡附着悬浮物并带至水面。该方法的优势在于溶气量大，能显著提升悬浮物与气泡的接触概率。不过，其缺陷也显而易见，即需配备大功率压力泵和溶气罐，从而增加了投资和运行成本，且可能对前处理中的混凝效果产生一定影响。

第二，部分溶气气浮法。此方法仅加压部分污水，通常为总水量的 15%～40%，并与未加压的污水混合，利用减压释放的微气泡进行固液分离。其优点是设备要求较低，动力消耗小，且处理成本较低。

第三，部分回流溶气气浮法。该方法通过将一部分处理后的澄清水回流至气浮池，再进行加压溶气处理。相较于前两种方法，此方法在设备成本上更为经济，同时对混凝效果的影响也较小。其缺点是气浮池的容积较大，需要更多的空间。

3. 散气气浮法

散气气浮法通过散气装置将空气以微气泡的形式均匀分布于污水中，从而实现浮选分离。根据气泡的产生方式，散气气浮法可以分为微孔曝气气浮法和剪切气泡气浮法两种。

（1）微孔曝气气浮法

微孔曝气气浮法利用微细孔隙的扩散装置或微孔管，通过压缩空气的爆破力和微孔的剪切作用，生成微小气泡以实现浮选。尽管该方法操作简单，但由于气泡直径较大（为1～10mm），且难以有效控制，导致气浮效率较低，因此近年来其应用逐渐减少。

（2）剪切气泡气浮法

剪切气泡气浮法通过高速旋转的叶轮或其他装置产生微小气泡进行浮选。

叶轮气浮法：通过高速旋转叶轮将空气吸入并剪切成细小气泡，适用于处理悬浮物含量较高的污水，且设备不易堵塞，操作简单。

射流气浮法：通过射流器将空气引入污水中，并通过负压吸气形成微气泡，该方法结构简单，但其吸气量受限，通常不超过进水量的10%。

涡凹气浮法：涡凹气浮法利用高速旋转的涡轮产生负压吸气，并将空气打碎成微小气泡，该方法具有设备简便、运行成本低等优点，广泛应用于多个行业的污水处理。

第五章

土壤污染与农业生态系统的生态毒理学应用

在工业化与城市化迅猛推进的时代浪潮下，土壤污染问题日益凸显，农药化肥过度使用、工业废弃物违规排放等，让土壤质量每况愈下，严重威胁农业可持续发展与生态环境安全。在此背景下，深入研究土壤污染源与质量，探寻污染物修复技术，以及将生态毒理学应用于农业生态系统，成为保障农业生态健康、守护粮食安全的迫切需求。

第一节　土壤污染源与土壤质量

土壤污染是指由于人类活动产生的污染物质进入土壤并积累到一定程度，超出了土壤的自净能力，导致土壤结构和功能失调，以及环境质量的显著下降。土壤污染对人体健康的影响是通过农作物间接反映出来的，土壤污染会影响作物的生长发育，使作物的产量和质量下降，并通过食物链，最终影响到人类的健康。

一　土壤污染源

土壤污染源是指土壤环境污染物的产生源头，通常把能产生物理的、化学的、生物的有害物质（能量）的设备、装置、场所统称为土壤环境污染源。场地污染源一般指堆存、储藏、处置或放置危险物质的区域。土壤污染源颇为复杂，涵盖生活性污染源、生产性污染源以及放射性污染源。

第一，生活性污染源。生活性污染源，如人、畜的粪尿，生活污水和垃圾等，对环境造成的影响可以通过具体数据来量化。这些废弃物如果未经处理直接排放，会对环境造成污染，影响人类健康和生态平衡。

第二，生产性污染源。生产性污染源主要是指工矿企业在生产过程中排放的废气、废水和固体废弃物（“三废”），以及交通运输工具排放的废气、农田施用的农药和过量化肥等。这些废弃物富含重金属、有机物等有害物质，严重污染环境，进而威胁人类健康和生态平衡。

第三，放射性污染源。放射性污染源主要来自工矿业、科研和医疗机构等机构在生产、使用放射性物质过程中产生的液体或固体废弃物。这些废弃物含有放射性物质，具有极强的辐射能量和毒性。例如，切尔诺贝利核事故和福岛核事故均因放射性物质泄漏导致了严重的环境和健康问题。如果这些废弃物处理不当或未经处理直接排放，将对环境和人类健康构成极大的威胁。

二 土壤污染物

土壤污染物是指那些在土壤中存在并可能对环境和人类健康造成危害的物质。这些污染物的来源广泛，包括工业排放、农业活动、城市生活垃圾、交通尾气、自然过程及多种人为活动等。

（一）化学污染物

化学污染物以各种形式存在，对环境和生物体造成严重的影响。化学污染物主要包括以下种类。

第一，有机污染物。有机污染物是化学污染物中最常见的一类，涵盖石油化合物、农药、有机溶剂及多种工业化学品。这些污染物具有广泛的来源，如农业、工业和城市生活等。

第二，重金属污染物。土壤重金属污染主要以铅、镉、铬、砷、汞、铜、锰等元素为主，污染物随元素价态不同形态多变，价态不同毒性不同，有机态毒性大于无机态[1]。这些重金属因具有极高的毒性，能在生物体内长期累积，从而对环境和人类健康造成严重威胁。

第三，无机盐污染物。无机盐污染物，诸如氨氮、硝酸盐、硫酸盐等，主要源自农业排放、工业废水及城市污水。这些无机盐可以导致水体的富营养化，对水生生物产生不利影响，并对人类饮用水源构成威胁。

（二）物理污染物

物理污染物主要涵盖了源自工业生产与开采活动中产生的一系列固态废弃物，这些废弃物包括但不限于尾矿、废石、粉煤灰以及各类工业垃圾。这些物理形态的废弃物，若未经妥善处理或不当排放，将对自然环境及人类健康构成巨大威胁。

[1] 张菊琴，李东东，胡珂，等. 污染土壤生物修复技术研究进展［J］. 化工矿产地质，2024，46(3)：224-229.

第一，尾矿。尾矿作为矿石提取后的残留物，常含有重金属、有毒元素及放射性物质，其无序堆放不仅占用大量土地资源，还可能通过渗滤作用污染地下水体。

第二，废石。废石因其体积庞大、难以降解，长期堆积易引发地质灾害，如滑坡、泥石流等。

第三，粉煤灰。粉煤灰作为燃煤电厂的副产物，虽具有一定利用价值，但若处理不当，其细小的颗粒物易随风飘散，加剧大气污染，影响空气质量。

第四，工业垃圾。工业垃圾成分纷繁复杂，内含诸多有害物质，一旦未经妥善处理直接排放，势必对土壤、水体乃至整个生态系统带来深远且恶劣的影响。

（三）生物污染物

生物污染物是指由生物体或其代谢产物引起的、能够对人类健康、生态环境或生物多样性造成危害的物质或生物因子。生物污染物主要来源为以下方面。

第一，病原微生物。这些微生物种类繁多，涵盖细菌、病毒、真菌等，可以导致土壤生物的疾病，进而影响植物和动物的健康。它们凭借空气流动、水流冲刷等多种途径肆意传播，给土壤生态系统带来诸多难以预料的负面影响。

第二，外来物种。外来植物和动物物种有时可能成为入侵物种，对土壤生态系统产生负面影响。这些外来物种犹如不速之客，可能会肆意践踏原有的生态平衡，致使本地物种数量锐减乃至消失，从而对整个生态系统的稳定性和健康构成严重威胁。因此，对于这些生物污染物的控制和管理是非常重要的。

（四）放射性污染物

放射性污染物是一种严重的环境污染源，其中放射性同位素如铀等锕系元素可能来自核能产业、医疗废物或其他核源污染。这些污染物在与环境中的其他物质相互作用时，可能会释放出大量的能量和辐射，导致土壤生态系统中的微生物、植物和动物群落的失衡，破坏土壤的肥力，影响水质，甚至威胁人类健康。

放射性污染物对土壤生态系统的破坏是多方面的：一方面，这些污染物能够影响土壤中微生物的种类构成与数量分布，干扰生物化学过程的正常运行，进而削弱土壤的肥力状况；另一方面，这些污染物可以影响植物的生长和发育，导致植物的生理机能受损，甚至死亡。此外，这些污染物亦能借助食物链的传递，渗透至动物体内，对动物健康构成潜在威胁。

放射性污染物对人类健康的危害不容忽视。例如，长期暴露于低剂量电离辐射的核工业工人，其癌症死亡风险显著增加，研究显示每增加 1 单位辐射暴露，实体癌死亡风险会增加 52%。此外，福岛核事故后，儿童甲状腺癌等儿童癌症发病率在事故区域内逐年上升，这些数据表明放射性污染物长期接触可能显著增加癌症和其他疾病的风险，对人类的生命安全构成严重威胁。

三 土壤质量

土壤质量是指土壤在支持植物生长、维护生态系统健康以及提供其他生态服务方面的能力。土壤质量受到多种因素的影响，包括土壤的物理、化学和生物特性。以下是一些影响土壤质量的关键因素。

第一，土壤结构。土壤结构指土壤颗粒的排列和组合方式。良好的土壤结构有助于保持适当的通气性和水分保持能力。

第二，土壤质地。土壤质地指土壤中沙、泥和壤的相对含量。不同质地的土壤对水分和养分的保持能力有所不同。

第三，土壤湿度。适量的土壤湿度是植物生长的关键。土壤过于干燥或过于湿润，均可能对植物健康产生不利影响。

第四，土壤酸碱度（pH 值）。pH 值影响土壤中微生物活动和养分的有效性。大多数植物对于特定的 pH 范围更为适应。

第五，有机质含量。有机质有助于改善土壤结构、增加水分保持能力，并提供植物所需的养分。

第六，养分含量。养分含量包括氮、磷、钾等重要的植物营养元素。土壤中的养分含量影响植物的生长和发育。

第七，微生物活动。土壤中的微生物参与有机物的分解和养分的循环，对土壤健康和植物生长起着关键作用。

第二节　土壤污染物的修复技术体系

一 土壤污染物理修复技术

物理修复是指根据土壤介质和污染物的物理特性，通过各种物理手段将污染物从土壤中去除或分离的技术，包括：根据污染物磁性特征采用磁分离方法；根据粒径大小采用过滤或微过滤的手段去除污染物；根据表面特性采用浮选法进行处理；根据分布、密度大小采用沉淀或者离心的方法进行分离等。物理修复技术适用于小面积的重污染土壤处理，它的优势在于设备简便且能够实现持续高效的处理效果，然而，在实施修复工程时，必须综合考虑技术方法的可行性和多种潜在因素的影响，如有些物理修复技术要求土壤颗粒和污染物的物理特征差异显著，尤其是当土壤中存在较高比例的粉粒、黏粒和腐殖质时很难处理。

（一）物理分离修复技术

1. 物理分离修复技术的基本原理

物理分离修复技术是一类基于土壤介质与污染物之间物理性质差异，进而通过物理作用实现污染物从土壤中分离与去除的修复手段。该类技术的核心在于利用污染物与土壤颗粒在粒径、密度、磁性或表面化学性质等方面存在的物理异质性，通过有针对性的操作方式，将污染物有效剥离或转移至土壤体系之外。在实际应用中，物理分离修复技术对特定污染类型，尤其是无机污染物（如重金属类污染）具有良好的处理效果。它的优势在于工艺相对简便、能耗适中，且不依赖于复杂化学反应或生物降解过程，因而适用于污染成因清晰、污染物性质稳定的土壤治理场景[1]。

依据不同的分离原理，物理分离修复可进一步细化为多种典型方法。

粒径分离法依赖污染物与土壤颗粒间粒径上的差异性，通过筛分、物理过滤或微孔过滤等方式，实现对不同粒径颗粒的物理隔离。其原理在于，较大颗粒在通过筛网或过滤介质时会被阻滞，而较小颗粒则可自由通过，从而将污染组分从土壤基质中分离。

沉降分离法与离心分离法侧重于利用污染物和土壤颗粒之间的密度差异。在静置环境下，密度较高的污染物可借助重力作用沉降分离；而在需要强化分离效率的情境中，可通过高速旋转的离心装置加速分离过程。沉降法适用于粒径适中且密度较高的无机污染物，而离心分离则在处理细粒组分丰富、重金属或高黏性土壤中展现出较好性能。

磁性分离法以污染物是否具有磁响应性为基础，借助外加磁场将具有磁性的颗粒从土壤中吸引出来，从而实现选择性去除。磁性分离法适用于土壤中含铁、钴、镍等具有显著磁性的金属类污染物，尤其适合用于存在磁性废弃物积累的工业场地污染治理。

浮选法依托污染物与土壤组分在界面性质上的差异，如亲水性与疏水性之间的界定，通过在液相中引入气泡，使污染物附着于气泡表面并上浮至液体表层，再通过机械或物理方式将其去除。浮选法多应用于油类污染、重金属离子或其他表面活性差异显著的污染物的分离过程。

2. 物理分离修复技术的影响因素

物理分离修复技术主要应用于处理土壤中的无机污染物，尤其适用于小面积土壤污染的修复工作。鉴于其设备简便、操作成本低廉、可持续性强以及修复效

---

[1] 宋立杰，安淼，林永江，等. 农用地污染土壤修复技术［M］. 北京：冶金工业出版社，2019：83-85.

率高等优势，该技术已广泛应用于实际土壤修复领域。然而，在实际操作过程中，物理分离技术的运用仍需综合考量以下关键因素。

（1）污染物浓度和物理特性

物理分离技术在应用时，要求污染物的浓度较高，并且污染物与土壤颗粒之间存在明显的物理性质差异。如粒径分离法和磁性分离法，要求污染物具有特定物理特征，且污染物在土壤中分布不均，有明显物理性质差异时，才能达到良好分离效果。因此，选择物理分离方法前，需先详细分析污染物特性。

（2）干燥污染物的筛分问题

在对干燥状态下的受污染土壤开展筛分与分离操作过程中，常常会伴随大量细小颗粒物的扬尘现象，即粉尘的大量释放。这种粉尘的产生不仅可能降低修复过程的整体效率，还可能对周边生态环境造成不利影响，进一步对现场操作人员的呼吸健康和职业安全构成潜在威胁。因此，在实际工程实施中，针对该类作业环节必须制定并落实有效的防尘控制措施。例如，可通过配置具有良好密闭性能的筛分设备，或加装防尘罩、除尘系统等装置，以降低粉尘外逸的风险。

（3）细粒径混合物与废液的再处理

在物理分离过程中，固体基质中可能含有细粒径的混合物，这些微小颗粒与废液中的污染物可能需要进一步处理。否则，细小颗粒物的回流可能会让污染物重新渗入土壤，进而影响整体的修复成效。废液中所含的污染物也可能需要通过化学或生物方法进行后续处理，以确保其完全去除。因此，在应用物理分离修复技术时，废物处理与二次污染防治也是不可忽视的重要环节。

（4）分离效果的综合评估

虽然物理分离技术在理论上具有较高的修复效率，但实际应用中，可能会受到土壤类型、污染物种类、污染程度等因素的影响。因此，在选定具体的修复技术时，必须全面考量污染土壤的实际情况，有时还需与其他修复技术协同运用，以此来增强修复效果并克服技术上的局限性。

（二）蒸气浸提技术

1. 蒸气浸提技术的原理

土壤蒸气浸提技术（SVE）是一种原位修复方法，主要用于去除土壤中的挥发性有机污染物（VOCs），例如汽油、苯和四氯乙烯等。该技术通过在污染土壤内引入清洁空气产生驱动力，利用土壤固相、液相和气相之间的浓度梯度，在气压降低的情况下，将污染物转化为气态并排除土壤外。此外，土壤蒸气浸提技术也适用于处理半挥发性有机化合物（SVOCs）污染的土壤。该技术通过注入高温蒸气，显著提升土壤孔隙内污染物的蒸气压和迁移速率，从而促进其脱附、气化与迁移，并借助抽提系统将污染物从地下环境转移至地表进行净化处理，最终实现污染物的高效去除与环境介质的恢复。

蒸气浸提技术的核心在于运用热能转化污染物的物理形态。热蒸气不仅提升了土壤的温度，增强了污染物的挥发性与溶解性，促使其从吸附状态转变为自由状态，而且减弱了土壤颗粒对污染物的吸附力，使得污染物更易从土壤中释放。随后，在负压抽提系统的推动下，污染物以气态或液态被收集并输送至地表，通过冷凝、活性炭吸附、生物过滤等处理环节净化后，进行排放或循环利用。通过采用蒸汽浸提技术，不仅显著缩短了土壤修复周期，还实现了对地下环境的深层污染治理。该技术特别适用于那些渗透性良好、污染物浓度高且污染组分具有高挥发性和热敏感性的场地。

相较于传统的空气抽提技术，蒸气浸提技术在处理低渗透性土壤、黏性土以及污染物浓度高、沸点高的复杂场地方面展现出显著优势，可以通过热力作用，有效克服 VOCs、SVOCs 在地层中的迁移障碍，扩大修复范围并提高了去除效率。它常用于苯、甲苯、乙苯、二甲苯、氯代溶剂（如三氯乙烯、四氯化碳）、多环芳烃等污染场地的修复工作。在实际工程应用中，该技术的污染物去除率能够稳定达到 85%以上，甚至在某些情况下可高达 95%以上。

蒸气浸提技术具有良好的可控性和环境兼容性。在实施过程中，通过调节蒸气注入的速率、温度及压力，可以实现对修复过程的精确控制，有效防止因温度升高而产生的二次污染风险。同时该技术与其他修复方法（如生物修复、化学氧化、气相抽提等）具有良好的协同作用，能够构建一个多元协同的修复体系，以适应各种复杂污染场地的治理需求。特别是在工业遗址、石油化工场地以及旧军工基地等高风险区域，蒸气浸提技术展现了卓越的修复前景和工程适应性。

2. 蒸气浸提技术的类型

(1) 原位土壤蒸气浸提技术

原位土壤蒸气浸提技术（ISVE）是一种在不扰动污染土壤的情况下进行原位修复的技术，可以通过在土壤的不饱和带内设置抽提井系统，并利用真空负压引导空气或其他气体流体进入土壤孔隙，从而促使土壤中的挥发性有机化合物（VOCs）或半挥发性有机化合物（SVOCs）从固态转变为气态，并通过气流将其带离污染区域。在此过程中，污染物的解吸、挥发和迁移行为受到空气动力学特性、土壤孔隙结构、温度分布等多种因素的影响。ISVE 技术以其施工简便、对环境的干扰小、能量利用效率高等优点而著称，尤其适用于风力常数较高、蒸气压显著的污染物，例如苯类化合物、卤代烃类物质（如三氯乙烯、四氯乙烯）等。此外，ISVE 技术亦可适当应用于处理污染土壤中的石油类烃、重金属有机络合物、多环芳烃以及二噁英类物质，特别是在中轻质石油烃类污染修复方面，该技术展现出了良好的适应性和工程实践基础。为了提高技术效率，该技术常结合热力强化措施（例如热风注入、电阻加热等），加速污染物的脱附与迁移，进而缩短修复时长并减少工程成本。

（2）异位土壤蒸气浸提技术

异位土壤蒸气浸提技术（ESVE）是一种热动力修复方法，它在将受污染的土壤挖掘并转移至地面处理设施后实施。该技术涉及在堆积的受污染土壤中设置具有狭缝结构的气体通道（通常为穿孔管道网络），并在真空环境下引入清洁的空气流体。通过挥发和解吸作用，污染物被气流带走，从而实现与土壤颗粒的物理分离。与原位修复方法相比，ESVE 在处理过程中展现了更高的可控性和工艺调节灵活性，特别适用于污染集中、修复时间紧迫以及地下结构复杂的场地。此外，土壤结构在扰动后通气性得到显著改善，这使得该技术在低渗透性土壤污染修复方面具有显著优势。ESVE 技术广泛应用于挥发性有机卤代物（例如氯仿、氯乙烯）及非卤代化合物（例如苯、甲苯）污染土壤的修复，并且通常与筛分、脱水、混合和热处理等工序相结合，以提高污染物回收的效率。

（3）多相浸提技术

多相浸提技术（MPE）是在传统蒸气浸提技术的基础上进一步拓展出的复合型热动力修复技术。其核心在于构建一个集成化的抽提系统，该系统能够同时从土壤的不饱和带与饱和带中抽提出气态与液态污染物，实现土壤气体、地下水及非水相液体（NAPL）的综合提取与处理，从而全面覆盖污染物的迁移路径。

MPE 技术尤其适用于中低渗透性地层中的 VOCs 污染修复。其具体形式包括两相浸提技术（TPE）和两重浸提技术（DPE）。

两相浸提技术借助抽气与抽水的协同机制，不仅推动了污染物的气相迁移，还高效提取了地下水中的溶解态污染物。其系统通常设置于饱和层与不饱和层交界区域，使气流与液流协同作用，扩大了修复半径并增强了污染物的脱附效率。

两重浸提技术融合了真空抽提与泵送系统的双重优势，能够在高真空或低真空条件下灵活适应并高效运行。该技术通过潜水泵或空气泵从地下抽取液体，同时借助真空系统从气相中抽取污染物，实现在同一修复井内同时提取地下水与土壤气体的目标。该技术尤其适用于非水相液体（如原油、重柴油）与 VOCs 共存的复合污染场地，能有效控制污染物的迁移扩散过程，降低地下水污染风险。

（三）固化/稳定化修复技术

固化/稳定化修复技术，通过物理及/或化学方法，将污染物固定于污染介质（即土壤）内，确保其化学性质稳定且迁移性极低，甚至达到不可迁移的程度，从而有效控制污染源并降低相关风险。该技术在处理土壤重金属污染方面应用广泛，特别是在多种重金属复合污染土壤的同步修复方面，显示出其显著优势。

1. 固化/稳定化修复技术的方法

在实际操作中，固化/稳定化修复技术通常遵循一套系统的处理流程，其目的在于通过物理和化学方法将污染物固定于土壤基质，以降低其在环境中的迁移性和生物可利用性。该过程主要包括以下关键步骤。

（1）选用具备卓越吸附能力的材料（例如天然黏土、膨润土、活性炭、离子交换树脂等）对土壤中的重金属离子或其他有毒有害物质进行初步吸附与固定，以降低其活性和浸出性。此步骤的核心目的在于利用高比表面积材料的吸附作用，集中污染物并减弱其与环境的相互作用。

（2）为了进一步封闭污染物并构建阻隔层，可在处理区域表面施加一层沥青或其他具有良好密封性能的材料。沥青层不仅作为物理隔离屏障，有效防止水分渗透和污染物迁移，同时也有助于稳定吸附剂与污染物复合体的结构。

（3）通过添加适量的凝固剂或黏合剂（常用的包括水泥、硅土、石灰、石膏或碳酸钙等无机胶结材料），与吸附了污染物的土壤充分混合，引发水化、凝结或胶结反应，形成一种凝胶状的均质混合体。在养护过程中，该凝胶逐渐转变为具有特定力学强度和稳定结构的固体块体。

（4）固化产物的微观结构变得更为致密，其外观及物理性质与天然矿石相似。这种稳定的固化体能够将污染物，特别是金属离子和某些放射性物质，有效地封闭在其内部微孔或晶格结构中，大幅度减少其在水体中的溶解度和迁移能力，进而有效减轻对地下水资源和生态系统的潜在危害。

2. 固化/稳定化修复技术的类型

（1）原位固化/稳定化修复技术

原位固化/稳定化修复技术，也称为原位固化/稳定化技术，是一种在不挖掘或转移污染土壤的前提下，通过直接注入修复剂并就地混合形成稳定化产物的方法。该技术能够有效降低土壤含水率，提高土壤 pH 值，并显著降低重金属如铅、锌和镉的浸出浓度，满足相应的限值要求。此外，该技术还能有效降低土壤中重金属的弱酸提取态含量，并将其转化为残渣态，从而减少污染物的迁移性和危害风险。该方法具有扰动小、环境友好、施工周期短等优势，适用于污染范围较广或污染物迁移性较低的场地修复。然而，其修复效果受多种因素制约，具体如下。

污染物埋藏深度的影响显著：当污染物位于较深土层时，可能会因机械设备的钻进深度不足或修复剂输送能力受限，导致修复反应均匀性和有效性受限，最终影响修复效果的整体稳定性和持久性。

黏结剂注入与混合工艺的控制要求高：黏结剂（如水泥、粉煤灰、石灰等）需在污染区域精确注入并与污染土壤充分混合，否则可能导致污染物扩散至未污染区域，甚至引发次生污染。

水分作用及冻融循环的干扰：受地下水位波动、水分渗透及季节性冻融循环影响，黏结剂结构的劣化可能导致已固定化的污染物再次释放，进而影响修复的持久性。

黏结剂运输与施用难度较大、成本较高：特别是在涉及大面积修复场地或偏远交通不便区域时，修复材料的运输、存储及现场作业均面临较大挑战，导致经济与技术的成本显著增加。

（2）异位固化/稳定化修复技术

异位固化/稳定化修复技术是指通过将污染土壤或固体废弃物开挖并转运至处理场所，与修复剂在控制条件下混合，使污染物通过物理封闭（如降低土壤孔隙率、增强结构强度等）或化学稳定化反应（如生成氢氧化物、硫化物、碳酸盐等沉淀）被固定，从而降低其活性与环境风险。异位修复技术以其操作的高度可控性和修复效果的良好可预测性著称，尤其适用于污染物浓度高、成分复杂或原地修复方案难以实施的情况。其修复效果受以下因素影响显著。

处理过程中所处环境条件的变化，例如温度、湿度、pH 值等物理化学参数，对土壤修复过程中的反应动力学和稳定产物的生成具有显著影响，这直接关系到污染物的固定效果及其长期稳定性。

修复系统必须根据污染物的特性（例如重金属、有机物、放射性元素等）选择适当的黏结剂种类和剂量，并合理设定混合时间、搅拌方式以及固化养护时间，以确保工艺与技术条件的适配性。

高浓度的有机污染物可能会干扰黏结剂与无机污染物（如重金属）之间的反应机制，甚至阻碍固化体的形成，从而降低处理效果。

污染土壤或固体废物中可能含有多种污染物的复合污染，特别是酸碱性物质、盐分、有机溶剂等的共存，这可能导致黏结剂性能下降或修复反应产生副作用，增加了处理的复杂性。

土壤中碎石或异物含量较高时，不仅会增加物理混合的难度，还可能导致修复剂分布不均，影响处理效果的一致性和完整性。

二　土壤污染化学修复技术

相较于物理修复方法，污染土壤的化学修复技术起步较早。化学修复技术涉及利用吸附、络合、螯合、溶解、氧化还原或沉淀等化学作用，以减少土壤中污染物的含量或其可移动性、生物可利用性。修复剂包括氧化剂、还原剂、吸解剂、增溶剂和沉淀剂。化学修复依托于土壤介质或污染物的化学特性，通过修复剂来破坏、分离或固化污染物，其优势在于实施周期较短，适用范围广泛。

（一）溶剂浸提修复技术

溶剂浸提修复技术是一种典型的化学修复方法，主要用于处理受有机污染物影响的土壤，特别是多氯联苯（PCBs）、石油烃、氯代烃、多环芳烃、多氯二苯并二噁英（PCDDs）以及多氯二苯并呋喃（PCDFs）等污染类型。该技术通过利用溶剂与污染物之间的化学反应，将污染物从土壤中分离出来，从而达到修复土壤的目的。此类污染物因其分子结构复杂、黏附性强，往往不易从土壤中去除，溶剂浸提技术的优势在于能够通过有机溶剂与污染物发生离子交换等化学反应，将污染物有效从土壤颗粒中吸解出来并转移至液相中。这项技术特别适合用于修复农用地中由有机农药（如杀虫剂、杀菌剂、除草剂等）和工业污染物引起的污染问题，但对重金属和无机污染物无效，因此其应用范围具有一定局限性。

溶剂浸提修复技术的基本原理是利用非水相溶剂对污染土壤进行批量平衡提取。污染土壤经筛分去除大块杂质后，进入密封提取箱中，与清洁溶剂充分接触。溶剂在提取箱内缓缓渗透进土壤基质，诱发污染物溶解及化学反应，进而将其转移至溶剂之中，之后通过泵将浸出液引导至溶剂回收系统。通过改变温度或压力的方式，污染物从溶剂中分离并被浓缩收集，而溶剂则被循环使用。该过程可循环实施，直至土壤中污染物浓度降至修复标准以下。在最终处理环节，干净的土壤经过滤和干燥处理后可再次利用或弃置，而干燥过程中产生的蒸汽则需冷凝收集，避免二次污染。为进一步优化修复效果，还可在处理后的土壤中引入活性微生物群落和富营养介质，加速残留溶剂和污染物的生物降解。

从实际应用角度来看，溶剂浸提修复技术具备结构紧凑、设备易于运输和现场组装的优点，且处理过程灵活，可以根据污染土壤的体积调整系统容量，适用于异位修复场景。其在成本控制、修复效率及安全性层面展现出显著优势，极具推广潜力。未来的优化方向将聚焦于开发更为高效且环保的新型溶剂配方，旨在显著提升污染物的提取效率与选择性；同时强化溶剂回收系统的能效设计，降低处理能耗；并可尝试与生物修复技术联用，实现物理-化学-生物的多元融合修复路径。此外，借助智能监测与自动化控制技术，可进一步提升操作效率与系统稳定性，推动该技术在实际修复工程中的高效、绿色应用。

（二）化学氧化修复技术

化学氧化修复技术是一种在污染土壤治理实践中得到广泛应用且具有显著修复效果的原位处理方法。其基本原理在于利用高反应活性的化学氧化剂，或其在环境介质中分解过程中所产生的自由基，对有机污染物进行强烈的氧化降解反应，从而破坏污染物原有的分子结构，使其转化为毒性较低，甚至完全无毒无害的中间或最终产物。该过程多为不可逆的化学反应，反应速率较快，且降解效率高，因而具有处理周期短、污染物去除彻底的显著优势。

与传统的异位修复技术路径相比，如污染土壤挖掘转运、集中处理或填埋等，化学氧化修复技术更强调在污染物原位条件下直接实施修复，即无需对大范围土体进行机械扰动或迁移。由此可以在避免大规模土方搬运的同时，有效减少了运输过程中可能产生的二次污染风险，具有较强的环境友好性和工程经济性。具体实施时，通常通过在污染场地设置分布合理的注入井，在不同深度投加液态或固态氧化剂，使其在土壤孔隙或饱和带中分散流动，与有机污染物就地发生氧化反应。

在实际工程应用中，氧化剂的选择、注入方式及其在地下介质中的分布特性，是决定修复效果的关键性因素之一。由于土壤在颗粒组成、孔隙结构、水力导率等方面存在较大差异，特别是在低渗透性土壤或存在不连续性结构的地层中，氧化剂常常面临传输受阻、扩散范围有限等问题，难以覆盖所有污染区。因此，为了增强氧化剂的输送效率与作用广度，常辅以物理强化措施，例如土壤深层混合法（DSM）或液压破裂技术等。

化学氧化技术在处理多种有机污染物方面展现出广泛适应性和较强的工程实用性，尤其在石油烃类污染、有机溶剂、卤代有机化合物、多环芳烃（PAHs）、农药残留等污染情境中，均可实现较为显著的降解效果。例如，有研究通过系统评估 PAHs 污染土壤的化学氧化修复潜力，选择活化过硫酸盐作为核心氧化剂，结合现场中试数据，证实其可将污染物浓度降至环境管理允许阈值以下。由于此类污染物通常具有化学结构稳定、环境持久性强等特点，传统微生物修复手段往往难以有效降解，而化学氧化可通过强氧化能力打破其芳香环结构，从根本上削弱其环境毒性，实现快速、高效去除。

此外，在化学氧化反应过程中常伴随一定程度的放热效应，该热量不仅可加速反应速率，还有助于促进土壤中某些低沸点有机物的挥发。结合地表设置的气相抽提系统或气体收集处理装置，可以进一步对这些二次释放的有机蒸气进行集中收集与净化处理。这种“化学氧化-挥发协同”复合修复模式，已成为当前土壤与地下水修复领域中的研究热点与应用亮点之一，特别适用于富含轻质挥发性有机污染物（如苯类、酮类等）的污染场地。

（三）化学淋洗修复技术

化学淋洗修复技术适用于重金属及有机污染物污染较为严重的区域，主要通过利用化学或生物化学溶剂，在重力或水力压头作用下注入污染土层，借助溶解、乳化或改性等方法，促使污染物随液体从土壤中迁移，随后通过分离和污水处理设施进行净化处理。其中，清洗液可选用纯净水，亦可选用含有乳化、增溶、络合能力的助剂溶液，以提升对污染物的作用效果。淋洗剂的选择与污染物的化学特性紧密相关，其实施效果受污染物可溶解性及在液相中流动性之限制。

化学淋洗修复技术主要被广泛用于治理重金属和有机污染土壤。具体而言，针对重金属污染，常采用螯合剂或酸类淋洗剂进行修复；而对于有机污染，则更多选用表面活性剂进行处理。然而，这种技术也面临着一些挑战，如对土壤结构和生态系统的潜在破坏，包括改变土壤养分的有效性、破坏微结构以及影响微生物活性等。此外，含有污染物的淋出液需要进一步处理，这无疑增加了治理成本。

在技术应用方面，化学淋洗修复技术可分为原位和异位两大类。

1. 原位化学淋洗修复技术

原位修复技术指的是在不移动受污染土壤的情况下，直接在污染现场实施淋洗处理。通过配置特定的淋洗液注入装置与收集系统，确保淋洗剂能够深入渗透至污染土层，溶解其中的污染物，并将产生的淋出液导入处理系统以进行净化。在处理过程中，通常会涉及螯合、溶解、络合等物理化学反应，这些反应有助于将污染物转化为易于迁移的形式，从而便于后续的提取与清除。

此外，原位技术常需构建物理屏障（例如隔离墙），对污染区域实施封闭，以避免二次扩散，并配置淋出液循环利用系统，旨在降低处理成本。适用的土壤类型通常要求具备较好的渗透性，如沙砾含量较高、阳离子交换容量低、水传导系数大的土壤。其修复对象以重金属、某些低分子有机物、多氯联苯、农药等污染物为主，适用范围较广，且具有渗透性强、成本适中、适于大面积污染修复等优点。但也需警惕淋洗剂可能引发的二次污染问题。

2. 异位化学淋洗修复技术

与原位技术相比，异位修复技术则需先将污染土壤挖掘出来，转运至特定装置中进行集中处理。这种方法具有更强的操作控制性，可以更精确地调整处理参数，并根据土壤粒径分离污染物。若污染物集中在某一粒径范围内的土壤组分中，仅处理该部分土壤即可，大大提高了效率与经济性。

异位技术尤其适用于污染物主要附着于大粒径土壤（例如砂砾、沙粒及细沙）的情形，但对于富含黏粒的土壤处理效果则相对有限。这项技术同样适用于多种污染物的处理，包括重金属、放射性元素、石油烃、易挥发有机物、PCBs 和多环芳烃等。其优势在于处理过程更易控制，清洗效率更高，且可以结合预处理和后处理手段进行优化。

在实践操作中，通过实验室可行性研究选择合适的淋洗剂，是异位修复工程成功与否的关键所在。科学合理地选择并设计淋洗配方，不仅能显著提升污染物的去除效率，还能有效减少淋出液处理的成本及复杂性。

三　土壤污染生物修复技术

生物修复具有低投资、高效益、易于应用和较大的发展潜力。其优点包括成本低、操作简便、无二次污染、处理效果显著以及可以大范围推广应用。生物修复通过利用生物（如植物、微生物和原生动物）的代谢功能，吸收、转化、清除或降解环境中的污染物，从而实现环境净化和生态恢复。

（一）土壤污染植物修复技术

植物修复的基本原理包括植物的吸收、积累与转化污染物等作用。植物的根系，作为与土壤亲密接触的桥梁，不仅负责汲取水分与矿物质，还具备吸附土壤中污染物的能力。举例来说，众多植物凭借根系之力，吸纳重金属元素，这一过程既减轻了土壤的重金属负担，又借助植物体内的转运机制，将这些污染物自土壤中抽离，运至地上部位。特别是一些具有特殊富集能力的植物，如油菜、胡芦巴等，能够有效地将污染物积累在其茎叶部位，甚至使其富集在高于环境背景值的浓度，极大地提高了土壤修复的效率。

除吸收作用外，植物修复还依赖于植物的根际环境对微生物群落的调节作用。根际微生物群落的组成与植物根系的分泌物有着密切的关系，这些分泌物可以作为微生物的营养源，促进微生物的生长。与此同时，植物根系还释放特定酶类物质，激活土壤中微生物的代谢活力，从而加速污染物的分解进程。例如，对于有机污染物的修复，植物通过改变根际微生物的群落结构和活性，能够有效地提升有机污染物的降解速率，达到净化土壤和水体的效果。

植物修复技术的应用领域广泛，特别是在重金属污染土壤的修复方面，其优势尤为显著。例如，通过选择特定的植物种类，可以有效地吸收、积累和转化土壤中的重金属，从而降低土壤重金属含量，改善土壤环境。重金属污染作为当前全球性环境问题之一，其来源广泛，修复难度大，而植物修复提供了一个低成本且高效的解决途径。通过精心挑选的植物，重金属能够被有效地从土壤中提取并富集于植物体内，进而显著降低土壤中的污染程度。此外，植物修复技术不仅能够修复土壤中的重金属，还能够应用于一些有机污染物的修复，如农药、石油污染等。

（二）土壤污染动物修复技术

动物修复技术，作为土壤污染治理领域的一把利剑，巧妙地利用土壤动物，特别是无脊椎动物的生态功能，展现出在污染物转化与富集上的非凡能力。土壤动物不仅能够通过其摄食行为直接影响土壤中的污染物质，还能通过与土壤微生物的相互作用，提高污染物降解速率和土壤的生态健康。尤其在重金属污染、农药污染及有机污染物的处理过程中，动物修复技术展现出了强大的潜力和广泛的应用前景。

动物修复技术的一个关键作用在于促进土壤中有机污染物的分解与转化。诸如蚯蚓之类的无脊椎动物，凭借其天然的分解机制，能高效地破碎植物残骸和有机废弃物，释放有机养分，拓宽土壤中细菌和真菌的活动空间，进而加速了土壤养分循环的进程。此外，蚯蚓等动物的活动不仅改善了土壤的物理结构，如疏松土壤，增加了土壤的透气性，还通过分泌的黏液为微生物生长提供了更适宜的环境，这些因素共同作用提高了微生物的活性，促进有机污染物的降解速度。因此，动物修复技术凭借强化微生物活动的效能，间接促使土壤污染物加速分解，从而有效提升了土壤的自然恢复力。

在重金属污染土壤的修复中，动物修复技术的应用同样具有重要意义。土壤动物通过摄食和富集作用，能够有效转化和富集土壤中的重金属元素，这一过程涉及微生物、植物等生物体与重金属之间的相互作用，有助于降低重金属的生物可利用性和环境迁移性。土壤动物，尤其是一些特定的无脊椎动物，能够通过摄取污染物并将其集中在体内，或将重金属从土壤中转化为更稳定的形式，这不仅有助于降低土壤中的重金属浓度，还能避免重金属通过食物链对高等动物和人体造成潜在威胁。相较于传统的植物修复法，动物修复技术不仅在修复污染土壤方面展现出色，还能在一定程度上增进土壤肥力，这得益于动物的富集作用往往伴随着土壤有益微生物的增殖及土壤结构的优化。因此，动物修复技术在重金属污染治理中展示了优越性。

动物修复技术在有机废物和农药污染的修复方面也表现出色。随着城市化进程的加快和农业生产方式的变化，土壤面临着越来越多的污染问题，尤其是生活垃圾和农业废弃物对土壤环境的污染。土壤动物通过其对有机废物的摄食与消化，能够有效地将有害的有机物质转化为更为稳定和无害的物质，不仅减轻了污染物对土壤的侵害，还借助动物体内的微生物群落，增强土壤微生物的多样性和功能，从而加速土壤污染的自我修复进程。特别是在农药和矿物油污染的修复中，某些土壤动物如螨类和线虫等能够富集和转化农药中的有害物质，显著降低其对土壤生态系统的负面影响。

（三）土壤污染微生物修复技术

土壤中蕴藏着丰富的微生物，这些微生物拥有多种代谢功能，驱动着土壤环境中的物质元素循环。微生物修复技术是利用土壤中的土著微生物的代谢功能，或引入能够降解和转化污染物的人工培养微生物群体，通过创造适当的环境条件，激发或加强微生物的代谢活性，进而降解并最终消除污染物，实现生物修复。

微生物修复的核心在于生物降解或生物转化，即通过微生物对有机污染物的分解作用或对无机污染物的钝化作用来实现污染治理。微生物修复技术展现出了强大的处理能力，不仅能有效应对农药、除草剂、石油及多环芳烃等有机污染物，还擅长处理重金属等无机污染物；既可以利用土著微生物进行自然修复，也可以通过添加营养盐、电子受体以及人工培养的微生物或基因工程菌进行人工修复。

1. 有机物污染土壤的微生物修复

有机物污染土壤的微生物修复技术是利用土壤中的微生物群体，通过其代谢活动将有机污染物转化为无害物质的环境治理技术，主要依赖于微生物对有机污染物的降解作用，达到净化土壤、恢复环境质量的目的。在众多土壤修复技术中，微生物修复凭借高效、经济、环保的独特优势，备受瞩目，特别是在处理有机污染物领域，其潜力巨大，令人瞩目。

微生物修复的基本原理是利用土壤中的微生物，尤其是具有降解能力的本土微生物，通过其生长代谢活动，将有机污染物转化为低毒或无毒的小分子化合物。具体而言，微生物通过氧化、还原、水解等多种生化反应，降解有机污染物，最终转化为无害的水、二氧化碳、简单的醇类或酸类物质等。与传统的物理或化学修复方法相比，微生物修复能够在不破坏土壤结构的前提下，有效地减少污染物的含量，恢复土壤的自然生态功能。

有机污染物的降解过程是一个复杂的生物化学反应过程，通常由微生物分泌的胞外酶和胞内酶共同催化完成。微生物凭借主动运输、被动扩散等手段，精准捕捉污染物，将其转化为自身所需的营养源泉，并经由一系列精细的代谢流程将其逐步降解。这些反应涵盖了氧化、还原、基团转移、酯化、氨化等多个环节，其中脱氯反应、芳香环的裂解以及多环芳烃的氧化降解步骤更是至关重要。以苯环类有机物为例，微生物通过其分泌的单加氧酶或双加氧酶，将有机污染物分解为低毒或无毒的中间产物，并进一步代谢成无害物质。

2. 无机物污染土壤的微生物修复

微生物在修复无机污染物过程中所发挥的作用，主要依赖于两种基本机制，即生物富集与生物转化。这两种机制在污染物迁移性控制与毒性削减方面均发挥着核心功能。

生物富集是指微生物通过自身的吸附、吸收、积累以及固定等过程，使土壤中的无机污染物，特别是重金属离子，从可迁移状态转变为相对稳定状态，从而显著降低其在生态系统中的生物可利用性与环境毒性。在重金属污染土壤修复领域中，微生物细胞表面通常携带带负电荷的功能基团，如羧基、磷酸基和氨基等，这些基团可与带正电荷的金属离子发生静电吸引，进而实现金属离子的初步吸附。此外，某些细胞外基质（例如胞外多糖、糖蛋白等）也具备较强的络合或沉积能力，能够进一步增强重金属的固定效果。

吸附-固定过程不仅发生在细胞表面，还可延伸至胞内富集。微生物通过代谢活动可调节胞内环境，使一部分金属离子跨膜转运进入胞质，并通过螯合蛋白质、金属结合蛋白等生物大分子的作用进行稳定化固定。此外，微生物合成的一些高分子有机物，如胞外多糖、特定结构蛋白及其他生物高分子，也常常在重金属钝化中发挥显著作用。它们能够与金属离子形成稳定复合物，使污染物在土壤-微生物体系中以不可溶或低生物毒性的形式存在，从而有效降低重金属的生态风险。

生物转化机制是指微生物通过其代谢系统中复杂的酶促反应，将重金属离子转化为不同价态或不同化学结构的衍生物。例如，某些菌株通过氧化还原反应可改变金属的价态，降低其溶解性与迁移性；同时，通过甲基化反应或硫化还原反应等方式，金属离子可转变为甲基金属或硫化物等形态，从而降低其生物活性与毒性。以汞、砷、铅等污染物为例，其在环境中具有较强毒性与生物积累潜力，而特定微生物（如假单胞菌、硫杆菌属）能够通过甲基化或还原反应，将这些金属离子转化为毒性相对较低的形态。

第三节　农业生态系统的生态毒理学应用

一　农业生态系统的组成与特点

农业生态系统是指在一定时间和地域内，人类从事农业生产，利用农业生物与非生物环境之间以及生物种群之间的相互关系，建立起来的各种形式和不同发展水平的农业生产体系，是一个人类调控下的自然-社会-经济组合而成的复合生态系统。作为人类驯化的半自然生态系统，农业生态系统构成了介于自然生态系统与人工生态系统之间的半人工陆地生态系统，其结构与功能既受到自然环境的限制，也受到人类活动的影响；既遵循自然生态规律，又受到社会经济规律的调节。在农业生态系统中，“农业”一词涵盖了农、林、牧、副、渔、菌、虫及微生物等广泛的农业活动。

（一）农业生态系统的组成

与自然生态系统类似，农业生态系统的基本组分也包括生物组分和非生物的环境组分，但这两种生态系统的组成却存在明显的差异。

1. 生物组分

农业生态系统的生物构成与自然生态系统相仿，主要由以绿色植物为主体的生产者、以动物为主体的消费者以及以微生物为主体的分解者组成。然而，在农业生态系统中，这些生物多为人工驯化的农业生物，包括但不限于农作物、家畜、家禽以及有益微生物，还有与这些农业生物紧密相关的生物群落，例如作物致病菌、家畜寄生虫、根瘤菌和杂草等。此外，农业生态系统相较于自然生态系统，还特别增加了人类这一重要的大型消费者。

2. 非生物的环境组分

在农业生态系统中，非生物的环境要素指的是农业生物赖以生存、成长、繁衍的环境，涵盖自然环境与人工环境两个方面。自然环境要素源自自然生态系统，包括农田土壤、农业用水、空气、日光以及温度等，然而这些要素均在一定程度上受到了人类活动的调节与影响。例如，为了应对不断增长的粮食需求，人类对耕作土壤实施了多种生产活动，显著改变了土壤原有的理化特性；作物的种植模式也包含了单作、间作和套作等多种形式，这些种植方式均会对作物群体内的环境温度和湿度产生影响。

人工环境要素包括农业生产过程中所需的各种生产、加工、存储设备与设施，例如禽舍、温室、仓库、厂房、住房、防护林、水库等。与自然环境相比，人工环境在温度、湿度、光照、养分等条件上均发生了显著变化，并且具备了其独特的特性。

（二）农业生态系统的特点

与自然生态系统相比，农业生态系统具有如下特点。

第一，从系统目标和结构开放性角度来看，农业生态系统具有高度明确的人类导向性目标，并表现出较强的开放性特征。农业生态系统的根本目标在于满足人类社会对食物和原材料日益增长的需求，其生产活动以追求单位面积上最大化的经济产出为核心。这通常依赖于向系统中大量投入外源性资源，包括但不限于化肥、农药、灌溉水以及其他农业投入品。尤其是在现代农业背景下，农业生产高度集约化，技术密集程度显著提升，其单位面积能量和物质的投入密度远高于多数自然生态系统，常常达到后者的数十倍之多。

与之相对，自然生态系统依循自然演替与生态进化的内在规律，几乎不受人为干预，其运行机制以实现系统自身的长期稳定性和可持续性为最终目标。该系统中生产者所固定的有机物基本上在系统内部被其他生物所利用，其间的物质和能量循环相对封闭，系统趋向于“自给自足”的状态。自然生态系统更强调生态过程本身的完整性，而非短期产出效率，这种以生态稳定性为核心的运行模式虽对人类经济需求的直接满足能力有限，但对维系地球整体生态平衡具有不可替代的价值。

第二，农业生态系统中的人类活动不仅是推动系统运行的主控因子，而且显著改变了系统的能流与物流路径。在农业系统中，优势物种大多为经人工长期驯化与选育而来的农作物或家畜，这些物种具有人类偏好性状，如高产、高营养价值等。同时，人类还通过施肥、灌溉、病虫害防治等多种农业管理措施，进一步强化优势种群的生物量积累及其可利用部分。

第三，农业生态系统的发展不仅受到自然生态规律的制约，同时也必须遵循社会经济规律的引导。农业生态系统的运行是一种融合了自然再生产与社会经济再生产的复合过程，其组成既包括自然环境因子（如气候、土壤、水资源等），也涵盖社会经济因素（如市场需求、政策导向、劳动力投入等）[1]。

二 农业环境污染物及生态毒理学效应

（一）农业环境污染物

进入农业生态系统的环境污染物，按照性质大致可分为以下三类。

物理性污染物，指来自农业生产、工厂、矿山的固体废物，如塑料薄膜、农药包装等农业废物及尾矿、废石、粉煤灰等工矿垃圾等。此类污染物含有一些较难溶解和分解的物质，进入农业生态系统后，尤其是进入土壤后会严重影响土壤的透水性，对植物根系生长和营养传输都会产生较大影响。经过长时间掩埋，物理性污染物还可能会逐渐分解，进而向土壤中释放化学物质，从而进一步改变土壤的组成和结构。

---

[1] 孟紫强．生态毒理学基础［M］．北京：中国环境出版集团，2023：147-150.

化学性污染物，包括无机污染物和有机污染物。我国土壤污染以无机型为主，主要污染物为镉、镍、铜、砷、汞、铅。

生物性污染物，指农业生态环境中存在的一定量的病原体，如肠道致病菌、肠道寄生虫、钩端螺旋体、破伤风杆菌、霉菌和病毒等。土壤中存活的植物病原体能严重影响植物生长，造成农业减产。例如，某些植物致病细菌污染土壤后能引起番茄、茄子、辣椒、马铃薯等百余种植物发生青枯病，而且这类污染物通常可以在适宜的环境中迅速扩散，破坏性非常大。

（二）环境污染物的生态毒理学效应

污染物进入系统后，经由迁移、转化、积累等环境过程，其生物可利用部分将对土壤动物、作物及微生物产生毒理效应。这些效应在作用机制上虽与其他陆地生态系统相似，但因农田生态系统与人类的密切关联，其影响更具现实意义。农作物与家养动物作为人类食物的重要来源，污染物在系统内的毒性作用及其在食物链中的传递过程，可能引发一系列生态响应，进而影响农业系统的稳定运行与人类生活质量。

1. 重金属污染物的生态毒理学效应

当重金属侵入农业生态系统，它们可被作物的叶片或根系所吸收。诸如铜、锌等众多重金属元素，为植物生长所必需的微量元素，对植物的生长发育发挥着不可或缺的作用；像镉、汞等非必需的重金属元素，对植物具有显著的毒性，一旦进入植物体内，将严重干扰植物的正常生长发育。然而，不论是必需元素还是非必需元素，一旦其在环境中的浓度超过某一阈值，均会对农作物造成一定程度的毒性损害。

某些重金属对植物根部细胞的结构与功能具有毒性效应，这将影响农作物对营养元素的吸收与积累，进而导致植株及籽粒中营养成分的改变。高浓度的重金属可能破坏蛋白质的合成系统，从而降低作物籽粒中的蛋白质含量。此外，农作物从土壤中吸收重金属并在体内累积，由于重金属无法被生物降解，它们能够通过食物链传递并最终进入人体。鉴于农作物是人类食物的重要组成部分，例如，农田土壤中的镉、砷等元素在水稻中的吸收与富集，不仅会对水稻植株及其后代产生从分子水平到个体水平的生态毒理效应，而且长期食用这些籽粒的人类健康亦可能遭受不利影响。

2. 有机污染物的生态毒理学效应

一旦土壤中有机污染物的浓度达到特定阈值，便会对植物造成胁迫性伤害。以 2,4-二氯苯氧乙酸（2,4-D）为例，它能以多种方式影响植物细胞分裂。在低浓度下，2,4-D 能显著促进细胞生长；然而一旦浓度超过某一限度，其促进作用便会减弱，并转而对细胞生长产生强烈抑制。除草剂能够抑制农作物种子的萌发以及根和茎的伸长，原因在于除草剂对种子萌发过程中相关重要酶的活性产生不利影响，同时对种子萌发时根尖细胞的有丝分裂速率也有负面影响。除草剂还可能破坏植物根系，影响其吸收功能。例如，使用含有高浓度阿特拉津和乙草胺的水灌溉稻田，会导致水稻幼苗根部由白变黑，不再生长新根，继而发生腐烂的毒害现象。环境污染物的这些生态毒理作用最终可能导致农作物产量减少、品质下降。

农业生态系统与人类生活息息相关，同时它自身也展现出独特的特性。例如，一种新烟碱类杀虫剂噻虫嗪可在土壤食物链“杀虫剂处理的大豆种子—蛞蝓—甲虫”中传递。具体而言，噻虫嗪在软体动物蛞蝓体内逐渐累积，并通过捕食关系被传递到其捕食者甲虫体内。由于蛞蝓并非噻虫嗪的靶向生物，因此受到的影响相对轻微；然而，食物链中的这种传递导致甲虫受损或死亡，进而使得被甲虫捕食的害虫数量增多，破坏了农业生态系统中的生态平衡，最终因害虫对大豆的危害而导致产量减少。

第六章

大气污染的生态毒理学应用

大气环境作为地球生态系统的重要组成部分，不仅维系着生命的基本需求，也直接影响着生态平衡与人类健康。基于此，本章探讨大气环境及其污染现象、大气污染的毒理学作用、大气污染物的去除与控制技术。

第一节　大气环境及其污染现象

大气污染，即空气污染，近年来引起了广泛关注。14 世纪之前，关于大气污染对人类健康影响的记载极为稀少。18 世纪末至 20 世纪初的工业革命显著提升了生产力，但同时也带来了严重的环境问题，尤其是大气污染。随着世界人口的增长以及工业生产和交通运输的快速发展，各类废气的排放量显著增加，导致大气污染加剧，从而对人类健康产生了直接和间接的危害。随着我国工业化和城镇化的深入推进，能源资源的消耗不断增加，大气污染防治的压力日益加重。此背景下，如何有效应对大气污染问题成为一个亟待解决的紧迫任务。

一　大气环境

“大气”这一术语涵盖了广泛的空间地理概念，涉及诸如环境科学、自然地理学、大气气象学和大气物理学等多个学科。这些学科常常将区域性或全球性的气流作为研究对象，因此“大气”一词在这些领域中具有特定的学术意义。在这种背景下，与“大气”相关的污染问题被称作“大气污染”。

相对而言，“空气”被定义为地球表面附近的气态物质，由多种气体混合而成。通常，动植物及人类活动所处的特定地点周围的气体环境即为空气，而平流层下层及对流层则常被视作空气层的一部分。与空气相关的污染问题则被称为“空气污染”。

在实际应用中，空气与大气常被视为同义词，二者之间没有实质性的差别。

（一）大气的结构组成

1. 大气的结构

地球大气层的结构是理解其系统功能和环境变化的关键。由多种气体组成的地球大气层，在地球表面及其上方形成了复杂的层次结构。地球大气层从地表向外延展，根据温度、成分和物理性质的不均匀性，可以划分为对流层、平流层、中间层、热层（暖层）和逸散层。

在大气层的最底层，对流层是地球表面气候和天气现象的主要发生区域。对流层的特征在于其气温随高度增加而下降，每升高 1000m，气温大约下降 6℃。这一层的空气在垂直方向上存在显著的对流活动，这使得空气质量、湿度和气象现象如风、云、降雨等在此层内频繁变化。对流层是地球大气中最厚的一层，厚度为 10～20km，且受到地球表面温度变化的强烈影响。对流层内的气流混合作用显著，是全球气候系统的重要组成部分，同时也是大气污染物主要聚集的区域。

在对流层之上，平流层呈现出相对稳定的水平气流。该层的空气垂直运动不显著，因此较为稳定。平流层的气温相对恒定，在其 30km 以下的区域维持在约－55℃。例如，飞机一般在平流层飞行，该层位于对流层之上，顶端离地面大约 30km，其特点是温度大体不变。在平流层中，水蒸气和尘埃的含量非常少，使得这一层的气体成分较为纯净。平流层内的臭氧层是地球的天然保护伞，它主要集中在距离地面约 15～50km 的高空。臭氧层能够吸收太阳光中的大部分紫外线，特别是对生物有害的短波 UV-B 和 UV-C 射线，从而保护地球上的生物免受这些紫外线的伤害。臭氧层的存在对生物健康和环境稳定性至关重要。

继续向外，上方的中间层具有不同的特征。这一层的空气密度较低，气温随高度的增加迅速降低。中间层的空气密度较低，因此垂直对流作用相对显著，这是由其稀薄的空气密度所决定的。中间层是大气层中的一个关键区域，位于平流层之上，其温度随着高度的增加而逐渐降低，范围大致从地表上方 50km 延伸到 85km。

暖层位于中间层之上，这一层的气温随高度增加而升高，主要是由于该层中氧原子吸收了大量的紫外线光子而导致的。暖层高度为 100～800km 之间。由于紫外线的强烈吸收，暖层的温度相比下层显著升高。暖层的这些特性，使得它在全球大气层中占据举足轻重的地位，特别是在温度平衡方面发挥着关键作用。

逸散层位于大气层的最外层，是一个气体极其稀薄的区域，几乎可以说是气体的尽头，该层由带电粒子组成，其向外扩展至浩瀚的星际空间。逸散层的存在使得地球的大气层与外太空的物质进行有效的隔离，并对地球的气候系统具有一定的保护作用。

大气层的各个层次之间存在着复杂的相互作用，这些相互作用不仅涉及气温、气压和气体成分的变化，也包括对流、辐射和化学反应等过程。理解大气结构及其功能对于预测天气变化、评估气候变化影响以及制定环境保护政策具有重要意义。大气层的分层结构确保了气象现象的发生与调节，同时也对地球生命提供了必要的保护。

2. 大气的组成

大气的组成是一个复杂且动态的体系，涵盖了多种气体成分和微粒，这些成分的相对浓度与存在状态，对大气的物理化学特性及其环境效能产生着直接影响。理解大气组成的各个方面对于气候研究、环境保护以及空气质量管理等领域具有重要的学术和实践意义。

干洁空气，是指在特定条件下不含水汽和悬浮微粒的空气混合物。其主要成分包括氮气、氧气和氩气。氮气在大气中的体积分数约为78%，是大气的主要成分。氧气的体积分数为21%，支持了地球上绝大多数生命体的呼吸和氧化反应。氩气作为稀有气体，其体积分数为0.93%，尽管其在大气中的含量较少，但具有重要的物理化学性质。尽管二氧化碳的体积分数仅为0.03%，看似浓度不高，但其在全球变暖和碳循环中的作用不容忽视。

除了主要成分外，干洁空气中还存在微量的稀有气体，如氦、氖、氪、氙和氢等。这些稀有气体的体积分数极低，总和仅约占大气总量的0.001%。这些气体虽然在数量上占比不大，但在研究气体物理性质和大气化学过程中具有重要意义。此外，臭氧也存在于干洁空气中，其浓度为0.01%，在平流层中的臭氧层起着至关重要的作用，它能够吸收来自太阳的有害紫外线辐射。

水汽，是大气中另一个重要的成分，其含量变化范围广泛，取决于地域、气象条件和时间等因素。水汽在大气中的占比，从干旱之地的微不足道0.02%，跃升至湿润区域的显著6%。这一巨大反差，不仅揭示了水汽来源的多样，更勾勒出它在地表水体蒸发、土壤呼吸及植物蒸腾中的活跃身影。水汽不仅对大气的湿度和降水有直接影响，还参与了大气中的热量传输过程，对气候调节有重要作用。

悬浮微粒，即悬浮于大气中的固体颗粒与液滴，其种类、含量及化学成分对空气质量与气候具有显著影响。悬浮微粒的来源可划分为自然与人为两大类。自然来源包括火山爆发、风化作用、海洋喷雾以及宇宙尘埃等，这些自然源释放的微粒对大气化学成分及气候变化产生一定影响。人为来源则主要涉及工业活动、矿业、交通运输以及燃烧过程等，这些活动产生的微粒不仅直接影响空气质量，还可能对人类健康构成威胁。尤其在工业化与城市化快速发展的背景下，人为排放的悬浮微粒浓度往往显著超出自然背景水平。

悬浮微粒的家族成员众多，气溶胶颗粒、灰尘、烟雾等纷纷登场，其中气溶胶颗粒更是家族中的常客，它们又可分为 PM2.5 与 PM10。细颗粒物 PM2.5 因其微小的粒径，能够深入肺部甚至进入血液循环，对人体健康造成严重影响，包括可能引发心脏病、肺病和呼吸道疾病等。而粗颗粒物 PM10 虽然颗粒较大，但同样会对呼吸系统产生不良影响，可能诱发哮喘病等呼吸系统疾病。悬浮微粒的化学组成通常包括硫酸盐、硝酸盐、氨盐、有机物和炭黑等，这些成分的相对比例和浓度对大气酸性、可见度以及健康风险有重要影响。

在大气成分的整体分析中，各类成分间的相互作用及其变化展现出高度的复杂性。干洁空气、水汽和悬浮微粒之间的相互影响决定了大气的整体性质。例如，水汽的存在对悬浮微粒的凝结和气溶胶的形成有直接影响，而悬浮微粒的存在又可能影响水汽的凝结和降水过程。因此，准确了解和监测这些成分的变化，对于气候变化预测、空气质量管理及环境保护具有重要的科学价值和实践意义。

（二）大气的物理性状

大气的物理性状，包括太阳辐射、气象、空气离子化等方面。

1. 太阳辐射

太阳辐射作为地球气候系统的主要驱动力，不仅是光和热的源泉，也是各种天气现象产生的根本原因。太阳辐射的本质乃电磁波，涵盖可见光与不可见光两大范畴。不可见光包括紫外线和红外线等，其对生物体的影响各具特性。

红外线的波长范围从 760nm 到 1mm，其主要作用为产生热效应。红外线被皮肤吸收后，会使局部组织温度升高，进而促进血管扩张充血，加速新陈代谢，促进细胞增生。此外，红外线还具有消炎和镇痛的效果。然而，过量的红外线照射可能引发皮肤烧伤、体温升高，并导致热射病、日射病及红外线白内障等健康问题。

紫外线的波长范围为 200～400nm，其中波长为 200～275nm 的紫外线具备强烈的杀菌能力，但对正常细胞的损伤亦显著。波长为 275～320nm 的紫外线能部分穿透大气层抵达地表，有助于生物体预防佝偻病，减少红斑出现，并增强免疫能力，是紫外线中对生理功能促进作用最为显著的波长段。波长为 320～400nm 的紫外线对生理作用较小，主要引起色素沉着。尽管紫外线对人体健康有一定益处，但过度暴露可导致日光性皮炎、眼炎及皮肤癌等疾病。

在太阳光谱中，可见光的波长范围为400～760nm。由于这一波长范围内的光谱能量分布均匀，因此可见光被感知为白色光。可见光对生物的生存起着至关重要的作用，它是光合作用的基础，也为生物的日常活动提供了不可或缺的光照条件。

2. 气象

气象因素如气温、气流、湿度和气压对人体的生理功能具有广泛的影响。这些因素通过调节人体的冷热感觉、体温平衡、心血管功能、神经系统、免疫系统及新陈代谢等多方面的生理过程，直接影响人体的健康状态。在适宜的气象条件下，人体能够维持在一个舒适的生理状态，有助于身体的正常功能和整体健康。然而，当气象条件超出人体调节的能力范围时，例如极端高温或低温，人体可能会经历不适感，这种不适感可能进而导致一系列疾病，包括热射病、中暑、心脑血管疾病、呼吸系统疾病以及关节疾病等。气象因素还在大气污染物的扩散过程中扮演着重要角色，影响着空气质量和环境健康。

3. 空气离子化

空气离子化现象涉及空气中气体分子的电离过程，这些气体分子在常规状态下通常为中性。然而，当这些气体分子遭受外界理化因素的影响时，它们可以失去或获得电子，转变为阳离子或阴离子。

气体分子的离子化通常由高能辐射、气体放电、化学反应等因素引发。当气体分子受到这些因素的影响时，会产生带电的离子。在自然环境中，如海滨、树林、瀑布附近等地，空气中的阴离子浓度通常较高。阴离子，作为带有负电荷的离子，能够通过多种机制对机体产生积极的影响。

二　大气污染现象

随着社会经济的持续发展，资源的过度开发与利用导致大量天然资源被转化为消费品，同时部分资源被转化为污染物排放到大气中。大气中的污染物数量增加，超出了大气的自净能力，会导致大气成分发生显著变化，例如温室气体浓度持续上升，以及氮氧化物、硫氧化物等污染物排放增加，这些都对全球气候变暖和空气质量恶化产生了深远影响。这些变化不仅包括大气中原有成分的增加，还引入了许多新型物质，造成了现代大气环境的严重污染。大气污染是指有害物质侵入大气层，其数量累积、浓度攀升及持续存在的时间超越了大气自身的稀释与扩散极限，从而导致大气成分与性质的深刻变化。这种变化对人类健康、精神状态、生活质量及生态环境产生了直接或间接的负面影响。

大气污染物是指导致大气污染的各种有害物质，它们的存在源头被称为大气污染源。这些污染物经由多种途径渗透至大气之中，引发大气物理状态、化学成分及生物特性的非正常变迁，对人类生存环境及自然生态系统构成了潜在威胁。大气污染问题已成为全球环境治理的重要议题之一。

（一）大气污染的主要来源

大气污染的来源广泛且复杂，主要包括工业企业、采暖锅炉与生活炉灶、交通运输、农业生产过程以及其他城市污染源。

作为固定污染源的工业企业，其排放的大气污染物数量庞大，主要源自化石燃料的燃烧以及工业生产过程。在煤炭和石油等化石燃料的燃烧过程中，会产生大量有害气体和颗粒物，对大气环境产生显著影响。此外，各类工业企业在生产过程中产生的粉尘、碳氢化合物、硫化物等，通过不同渠道排放至大气中，进一步加剧了大气污染。

采暖锅炉与生活炉灶在特定时段，尤其是冬季供暖期，对大气环境的影响尤为突出，燃煤锅炉的使用会大幅增加硫化物和烟尘排放。由于采暖设备的除尘和脱硫措施不完善，这些污染物难以有效处理，且冬季不利的气象条件使得污染物扩散缓慢，容易造成区域性污染。而生活炉灶在未普及清洁能源的地区，依旧使用煤炭作为主要燃料，煤炭燃烧得不充分加之烟囱设计缺陷，致使污染物未经处理便直接排放至低空，严重损害了居民区的空气质量。

交通运输的快速发展使得城市中车辆数量迅速增加，尤其是汽车的尾气排放对大气的污染极为显著。交通工具使用的汽油和柴油在燃烧过程中产生大量的碳氢化合物、氮氧化物等污染物，这些污染物在阳光催化下发生光化学反应，生成光化学烟雾，进一步加剧了大气质量的恶化。

此外，农业生产中的农药和化肥施用也是大气污染的潜在来源，氮肥和农药在使用过程中挥发进入大气，从而提升了大气中氮氧化物的浓度。

其他污染源如城市建筑工地产生的扬尘、道路铺装不当以及火葬场、垃圾焚烧厂排放的有害气体，同样在大气污染中占据了举足轻重的地位。各类污染源相互作用，共同构成了现代大气污染的复杂局面。通过加强对各类污染源的控制和管理，提升技术水平以及完善法律法规，可有效减少大气污染对环境的持续危害。

（二）大气污染的类型划分

大气污染的类型可根据污染物的组成与反应过程进行分类，不同类型的大气污染对环境和人体健康产生的影响各具特点。

还原型大气污染，通常发生在以煤炭为主要燃料的地区，其显著特点在于，不利的气象条件会限制煤炭燃烧产生的还原性污染物扩散，促使它们在低空密集聚集，进而形成烟雾弥漫的景象。此类烟雾中的二次污染物如硫酸及其衍生物对呼吸系统和心脏产生较强的刺激作用。

氧化型大气污染，主要与石油燃料的使用相关，尤其是在城市机动车尾气和石油化工企业排放的污染物较为集中的地区。这些污染物在紫外线的催化下，会发生复杂的光化学反应，生成诸如臭氧、过氧乙酰硝酸酯等次级污染物，这些氧化性物质会对人体的呼吸系统和眼睛造成强烈刺激，尤其是在较高温度和低湿度的天气条件下，光化学烟雾现象更为显著。

复合型大气污染，是近年来在城市地区广泛出现的一种复杂污染模式。这种污染不仅包含煤烟型污染，还叠加了由交通工具和工业排放的光化学污染物质。复合型污染物的复杂构成，进一步加剧了其对空气质量的不良影响，不仅导致大气能见度显著降低，还使得灰霾天气愈发频繁地出现，同时也加剧了呼吸系统疾病的发病率，尤其对易感人群的健康威胁更为显著。

特殊型污染，是由特定工厂或行业排放的独特污染物造成的局部大气污染。例如，部分工厂的排放物被限制在特定区域内，却在局部空间内积聚形成高浓度污染，对周边环境的空气质量造成了显著影响。这类污染物虽然影响范围有限，但其高毒性或特殊性质对周围居民和生态环境的危害不可忽视。

（三）大气污染源的类别划分

按污染源存在的形式可分为固定污染源和移动污染源，前者如工厂烟囱等，其位置固定，而后者如汽车等在移动过程中排放污染物。依据大气环境影响预测模式的模拟形式，可分为点源、面源、线源和体源。点源通过特定装置向大气集中排放污染物，面源则在一定区域范围内以较低高度排放，线源通常由机动车排放构成，体源则受建筑物空气动力学作用影响。

从污染物排放时间的角度来看，污染源可分为连续源、间断源和瞬时源。连续源污染物持续排放，间断源则时断时续，而瞬时源在短时间内排放较为集中。按人们活动的功能分类，污染源包括工业、农业、生活、交通污染源等。工业污染源主要来自燃料燃烧和生产过程中产生的废气，农业污染源涉及农用燃料及化肥分解，生活污染源则源于民用炉灶和取暖锅炉。交通污染源主要来自交通运输工具的燃料燃烧，其成分复杂，对人体和环境具有显著的危害性。

根据污染影响范围，污染源可进一步分为局地源和区域性大气污染源。

（四）大气污染物的基本类型

大气中的化学性污染物根据其属性和行为特点，可分为不同类别，并在大气污染中占据重要地位。根据污染物与污染源的关系，化学性污染物可以进一步细分为一次污染物和二次污染物。一次污染物是指直接从污染源排入大气中的原始污染物质，例如一氧化碳、二氧化硫等；而二次污染物则是指由一次污染物经过化学反应或光化学反应形成的污染物，如臭氧、硫酸盐、硝酸盐、有机颗粒物等。一次污染物直接从污染源排放进入大气，具有反应性和非反应性之分。反应性物质在大气中容易与其他成分发生化学反应，非反应性物质则相对稳定，在大气中较难发生反应或反应速率较慢。当不稳定的一次污染物在外界条件作用下与其他物质或一次污染物发生复杂的化学反应时，生成的物质称为二次污染物。这类污染物通常在毒性和对人体健康的危害性上更为严重。

化学性污染物，如大气中的颗粒物和气体污染物，根据其存在的形态，可以进一步分为颗粒态污染物（例如 PM2.5 和 PM10）和气态污染物（如二氧化硫、氮氧化物等）。颗粒态污染物主要以固体或液体微粒的形式存在于大气中，气态污染物则以分子态分布在空气中。这两类污染物对大气环境的影响广泛，具有不同的扩散、沉降和反应特性。

1. *颗粒态污染物*

大气中的颗粒态污染物是指悬浮于空气中的微小固体或液体颗粒，这些颗粒物既能独立行动，又能与其他颗粒或气体结伴，携带着多种有害物质潜入人体，对人们的健康构成威胁。颗粒物对人体的影响不仅仅取决于其作为载体的作用，颗粒物本身的化学性质也在很大程度上决定了其毒性强度。由于不同来源的颗粒物在成分和性质上存在差异，颗粒物的毒性会根据其生成过程的不同而呈现出差异。

颗粒态污染物按其来源可以分为多种类型，主要包括尘粒、烟尘和雾等。尘粒是在物理机械过程或自然风化中生成的颗粒物，根据其沉降性能的差异，可分为降尘和飘尘两类。烟尘则在燃烧、熔融或化学反应过程中形成，其成分多样，涵盖黑烟、烟雾等。雾由悬浮于大气中的细小液态颗粒构成，通常由蒸汽凝结或喷雾等过程形成，化学反应生成的酸雾、碱雾、油雾等均属于此类。

根据颗粒物的沉降特性，颗粒物可以分为降尘和总悬浮颗粒物（TSP）。降尘是较大颗粒物，依靠重力作用快速沉降，而总悬浮颗粒物则是粒径较小的颗粒物，能长时间悬浮在空气中。可吸入颗粒物（PM10）因其粒径小，能够深入呼吸道甚至肺部，对呼吸系统和心血管系统产生显著的毒性作用。长期暴露于 PM10 中，不仅可能引发呼吸系统疾病如哮喘、慢性阻塞性肺病，还可能增加心血管疾病的风险，如心脏病和高血压。PM10 颗粒物可以进一步细分为粗颗粒物（PM2.5～

10）和细颗粒物（PM2.5）。然而，粒径更小的超细颗粒物（PM0.1）在数量上占据优势，并且由于其极小的粒径，能够深入人体的呼吸系统，对健康构成较大危害。

2. 气态污染物

气态污染物的存在形式包括气体和蒸气两类。蒸气是固态或液态物质在受热条件下通过固体升华或液体蒸发形成的气态物质。蒸气在遇冷后可恢复为原有的固态或液态形式。而气体，则是在常温常压下物质自然呈现的气态形式。大气中的气态污染物种类繁多，已检出的污染物达到上百种，其中常见的主要气体污染物可以分为几大类。

含硫化合物是气态污染物中的重要组成部分，主要包括二氧化硫（SO_2）、三氧化硫（SO_3）及硫化氢（H_2S）等物质。其中，二氧化硫（SO_2）由于其数量庞大和显著的危害性，对大气质量产生深远影响。SO_2 主要来源于含硫燃料的燃烧，如煤炭和石油，以及工业生产过程。它不仅对呼吸系统造成直接伤害，如引起咳嗽、气喘和喉咙不适，还可能导致慢性呼吸道疾病和心血管疾病。此外，SO_2 与空气中的其他物质反应生成的微小颗粒物，会降低能见度并对植物生长产生负面影响。SO_2 的浓度是衡量空气质量的重要指标之一，超过一定阈值时，空气被认为是污染的，对人体健康构成威胁。氮氧化物（NO_x）和氨气（NH_3）是常见的气态污染物，它们在大气中通过复杂的化学反应，如催化氧化或光化学氧化，转化为不易挥发的硝酸和硝酸盐颗粒物，从而加剧了大气污染的程度。这些反应不仅加重了空气质量污染，还可能导致酸沉降现象，形成光化学烟雾，并对臭氧层造成破坏。碳氧化合物如 CO 和 CO_2 对环境和人体健康有显著影响，特别是 CO 作为无色无味的有毒气体，其危害较大。碳氢化合物包括烃、酮、酯及胺等，广泛存在于工业排放和交通污染源中。卤素化合物主要指含氯和含氟的化合物，如 HF、HCl 和氟利昂，这类物质不仅对大气环境造成显著影响，还会对生态系统带来长远的危害。

（五）大气污染物的浓度

大气污染的波及范围广泛且情况错综复杂。其主要的危害包括：直接对大气造成损害；大气中的污染物通过干沉降、湿沉降或被水面和地面吸收的方式，间接污染土壤和水体。此外大气中的污染物还会影响地表能量的交换，改变能量平衡，进而对气候产生间接影响[1]。大气中有害物质的浓度受多重因素影响，诸如工

[1] 宋忠贤，焦桂枝．大气污染控制工程［M］．上海：复旦大学出版社，2022．12．

艺过程、污染物净化处理的效率以及排放特征，如排放量、排放高度等因素。此外，大气的自净能力同样是决定污染物浓度高低的关键因素。大气的自净过程可分为两个阶段。初始阶段，排放到大气中的污染物在气象条件的作用下进行混合和稀释，导致其浓度降低。此过程包括风速、风向、温度、湿度等气象要素对污染物的扩散和稀释作用。随后的阶段，污染物通过一系列物理、化学和生物学机制进一步从大气中消失。这些机制包括沉降、光化学反应、气体交换及微生物降解等，最终使大气恢复其正常的组成状态。大气自净能力的强弱直接影响到污染物的浓度水平和大气环境质量。

影响大气污染物浓度的主要因素包括以下方面。

1. 大气污染源的排放情况

大气污染源的排放情况是决定大气污染程度的关键因素之一。排放情况主要包括排放量、排放方式、排放高度和与污染源的距离等方面，这些因素共同影响着大气污染物在空气中的分布、扩散及其对环境和人类健康的潜在影响。

（1）排放量

排放量作为影响大气污染程度的基本因素，指的是污染源在单位时间内排放的污染物的量。污染物排放量直接决定了大气污染的严重程度。在相同地形和气象条件下，污染物的排放量越大，对大气的污染程度越高。污染物的排放量受到多种因素的影响，包括生产性质、工艺、生产规模、净化设备的配置及其净化效率等。生产过程中的各类设备和工艺对污染物的排放量具有显著影响。同一企业的排放量也会随着生产量的变化而有所波动。例如，生产活动的强度、生产设备的使用状况以及废气处理设施的运行效果都会影响最终的排放量。

（2）排放方式

排放方式对大气污染程度具有显著影响。具体而言，排放方式主要分为有组织排放和无组织排放两种。有组织排放借助烟囱、排气筒等设施，将污染物排放至一定高度，随后通过气体的自然扩散和稀释作用，将污染物广泛分布于大气中。有组织排放具有污染物集中、排放高度相对较高、便于控制和管理的特点，这使得有组织排放相对更容易实施净化处理措施。然而，无组织排放则是污染物通过门窗、露天作业场所、废物堆放场所等途径逸散到大气中。这种排放方式的污染物排放高度较低，扩散范围有限，由于难以进行人工控制，无组织排放对附近区域的污染影响因而更为显著。根据排放时间的连续性，排放方式还可以分为连续排放和间歇排放。连续排放指的是污染物在长期或常年的生产过程中持续排放，例如化工厂的排放；间歇排放则是指在特定时间段或季节性使用中产生的排放，例如采暖锅炉的排放。

(3) 排放高度

在有组织排放中，排放高度是一个关键因素，它决定了污染物从排放源到地面的有效扩散距离，进而影响污染物在空气中的扩散范围和地面的落地浓度。有效排放高度是指烟囱的实际高度与烟羽在气流作用下抬升的高度之和。排放高度对污染物的扩散和稀释具有重要影响。当排放源的高度增加时，烟波的断面也随之扩大，污染物在大气中的分布范围增加，接触地面的浓度相应降低。通常，污染物的最高浓度与排放源的有效高度的平方成反比，即有效排放高度增加时，污染物浓度显著降低。对于无组织排放，由于污染物排放浓度较低，其扩散和稀释能力有限，通常会导致污染源附近区域的大气污染加剧。

(4) 与污染源的距离

污染物在大气中的浓度分布与排放源的距离密切相关。在有组织排放的情况下，污染物从排放源排出后，通过空气扩散和稀释，最终到达地面。污染物着陆点一般位于排放源的下风向，距离为有效排放高度的 10～20 倍。着陆点处的污染物浓度通常较高，而随着距离的增加，浓度逐渐降低。气体污染物与颗粒物的着陆点距离也存在差异，颗粒物的着陆点相对较近，而粒径越小的颗粒物，其扩散范围越远，着陆点也随之变远。无组织排放时，污染物沿地面扩散，随着距离的增加，浓度逐渐降低。因此，排放源附近的大气污染物浓度通常较高，随着距离的增加，污染物浓度逐渐减小。

2. 气象因素

气象因素在大气污染物的扩散、稀释和沉降中扮演了关键角色，主要包括风、湍流和气温等因素。各种气象因素凭借独特的机制，对污染物在大气中的动态行为产生深远影响，进而波及环境质量及公众健康状况。

(1) 风

风的作用在污染物的扩散过程中至关重要。风速和风向是描述风特性的两个关键参数，它们共同决定了大气污染物的扩散方向和速度。风速特别影响污染物的稀释程度和扩散范围，风向则决定污染物迁移运动的方向。污染物通常由上风方向被输送到下风方向，风速越大，单位时间内污染物混合的清洁空气量越大，稀释和扩散作用越好。较高的风速能够增加空气流动量，有效地稀释空气中的污染物，并促进其与大气的均匀混合。这种现象在风速增大的情况下尤为显著，污染物浓度通常会降低。风向是指空气流动的方向，它确定了污染物的移动方向和范围。在短期内，污染物的扩散主要受制于排放源的下风向区域；而在长期内，污染物的扩散则会受到主导风向的影响，形成区域性的污染模式。风向的变化可以通过风向频率图来直观呈现，这种图表有助于确定污染源对不同方位的影响程度。

（2）湍流

湍流那无规律的气流涌动，对污染物的扩散与混合过程产生了显著效应。湍流表现为气流的三维随机涨落，导致气流的流向和流速发生频繁变化。湍流的形成主要有两种原因：一是由地表非均一性和粗糙度引起的机械湍流，二是由热力因素诱发的热力湍流。机械湍流产生于空气流动与地表接触时的摩擦，地表的高低起伏越大，机械湍流越容易形成；而热力湍流则由于地表受热不均或气层不稳定而产生。根据气象学研究，湍流强度的增加能够显著提升污染物的扩散效率，促进污染物在大气中的混合和稀释，从而扩大污染范围并降低局部污染物浓度。湍流的强弱与热力和动力因素密切相关，强烈的湍流能够有效促进污染物的稀释和扩散，有助于提高空气质量。

（3）气温

气温对污染物在大气中的行为具有深远影响。气温的变化直接影响空气的热力学状态，从而影响污染物的扩散模式。气温的变化主要受太阳辐射及地表物体热辐射的影响。当气温升高时，空气的内能增加，温度上升；当气温降低时，内能减少，温度下降。气温的垂直分布对大气稳定性和污染物的扩散有显著影响。在正常情况下，近地面空气的温度较高，随着高度增加，气温逐渐降低，这种垂直温度递减现象决定了大气的稳定度。在正常情况下，大气温度随着高度的增加而下降，大约每上升 100m，温度降低 0.65℃。然而，在特定的气象条件下，可能会出现逆温现象，即气温随高度增加而升高，这种现象称为“逆温”。逆温层的存在会抑制大气污染物的垂直扩散，导致近地面污染物积聚，从而加剧空气污染。这种逆温现象导致大气层的稳定状态，抑制了污染物的垂直扩散，使得地面附近的污染物浓度显著增加。相反，当大气处于不稳定状态时，地面热空气上升，上层冷空气下降，促进了污染物的混合和稀释。气温的垂直分布决定了大气的混合层高度，影响了污染物的扩散范围。在晴天无风的情况下，太阳加热地表及其附近空气，导致暖空气上升形成混合层；而在夜晚，地表空气变冷，逆温现象显著，污染物难以扩散。在冬季，气温较低，垂直温差减小，混合层高度较低，这导致冬季的空气污染通常较为严重。与此相比，夏季由于气温较高，垂直温差较大，混合层高度增加，使得空气质量相对较好。

气象因素如风、湍流和气温在污染物扩散过程中发挥了不同的作用。风速和风向决定了污染物的扩散范围和浓度，湍流影响污染物的混合和稀释，而气温的垂直分布则决定了大气的稳定性和混合层高度。了解这些气象因素及其相互作用，有助于制定更有效的空气质量管理措施和应对策略，以提高环境质量和保护公众健康。

第二节　大气污染的毒理学作用

大气污染通常是指因人类活动或自然过程导致某些物质进入大气，并累积至一定浓度，从而对人类生活、生产活动及健康造成各种负面影响的现象。大气污染物在大气中的迁移、转化、沉降等环境行为，决定了它们对不同环境介质及生态系统所产生的最终影响。深入理解这些污染物的环境行为及其生态效应，是制定有效环境保护措施的关键。

一　二氧化硫

二氧化硫（SO_2）是含硫气态污染物中最常见的大气污染物之一。长期以来震惊世界的多次公害事件均与大气 SO_2 的严重污染有关。

（一）二氧化硫的理化性质

二氧化硫是一种无色气体，具有刺激性气味，并且易溶于水，形成亚硫酸。在常温常压下，二氧化硫以气态存在，具有较高的气体密度，约为空气的 2 倍，因此其在空气中的扩散速度较慢。二氧化硫在水中的溶解度较高，能够与水分子反应生成亚硫酸，这一化学反应导致二氧化硫在大气中的分布呈现空间差异性，尤其在湿润环境下，其浓度往往会有所提升。

作为一种强还原剂，二氧化硫具有显著的化学活性，能够与氧气发生反应，氧化生成三氧化硫。在适当的温度和压力条件下，三氧化硫又可以与水分反应生成硫酸。这一反应过程在大气中是形成酸雨的主要途径之一，造成环境污染和生态系统的损害。此外，二氧化硫还能与大气中的其他污染物，如氮氧化物和挥发性有机物反应，形成二次污染物，如硫酸盐和硝酸盐颗粒，进一步加剧空气污染。

在工业应用中，二氧化硫的化学特性使其广泛用于制酸、漂白以及其他化学合成过程。高温条件下，二氧化硫展现出一定的挥发性，其气体分子能够活跃地与多种化学物质反应，确保在气态或液态环境中维持其化学活性。在一定浓度下，二氧化硫不仅对植物和动物具有毒性，还可能对人类的呼吸系统产生不良影响，尤其是高浓度的二氧化硫会对呼吸道造成刺激，导致慢性呼吸道疾病的发生。

二氧化硫的理化性质使其成为大气污染和环境保护研究中的关键物质之一，其在大气中的行为和与其他气体的反应对空气质量和公共健康有着直接而深远的影响。

（二）二氧化硫的污染来源

二氧化硫在大气中的污染来源主要分为天然和人为两类，其中，天然来源较为罕见，所占总量比例偏低。唯一的天然来源为火山爆发，这种自然现象能够在短时间内释放大量的二氧化硫气体，但是其对大气中二氧化硫浓度的贡献有限。大部分的二氧化硫污染则源自人类活动，且主要通过以下途径释放到环境中。

含硫矿物燃料的燃烧是二氧化硫排放的最主要来源，占全球二氧化硫排放总量的70%～80%。这些矿物燃料涵盖煤、石油及天然气等，尤其是煤，作为广泛应用的能源，在燃烧时会将含硫化合物转化为二氧化硫，直接排入大气。随着全球能源需求的不断增长，煤炭及其他含硫化石燃料的使用仍然是二氧化硫污染的主要驱动因素之一。

含硫矿物的开采和有色金属冶炼过程也是二氧化硫排放的重要来源之一，约占总排放量的10%。在矿物开采过程中，尤其是硫化矿石的提取，常伴随有二氧化硫的释放。此外，在铜、铅、锌等有色金属的冶炼流程中，矿石所含硫元素在高温条件下氧化，生成大量二氧化硫气体，随后排入大气，进一步加重了环境污染问题。

化学工业的生产过程也贡献了一部分二氧化硫的排放，约占总量的10%。这一类排放主要来源于石油精炼、硫酸生产、亚硫酸盐制造、硫化橡胶生产及漂白纸浆等含硫化合物的工业生产。这些工业生产流程中，二氧化硫作为不可避免的副产物或中间阶段产物释放至大气，构成了环境污染的一个主要方面。

（三）二氧化硫的毒理学分析

二氧化硫作为一种常见的大气污染物，因其强烈的化学反应性和广泛的环境影响，已成为公众健康关注的重点。二氧化硫对人体的毒性影响通过多种途径显现，包括但不限于呼吸道刺激、感觉器官受损、代谢功能干扰以及潜在的致突变作用。

1. 对呼吸道的刺激作用

二氧化硫具有较高的水溶性，能够与上呼吸道的黏膜表面水分迅速反应，生成亚硫酸或硫酸。由于这一特性，SO_2 主要作用于上呼吸道，对局部组织产生强烈的刺激和腐蚀作用。SO_2 的浓度越高，对呼吸道的刺激作用越显著，特别是在短时间内高浓度暴露时，临床表现通常为喷嚏、咳嗽、咽干、喉痛、声音嘶哑等上呼吸道刺激症状。人体对 SO_2 的嗅觉阈值大约为 1 mg/m^3，这意味着当空气中 SO_2 浓度达到 1 mg/m^3 时，人们可以察觉到它的气味。然而，当空气中 SO_2 浓度超过 4 mg/m^3 时，不仅嗅觉阈值被超过，部分人群还会感到明显的不适，如咳嗽、喉咙痛、呼吸困难等症状。长期暴露于较高浓度的二氧化硫环境中，还可能增加患慢性支气管炎、肺功能下降等慢性呼吸系统疾病的风险。

在较高浓度的 SO_2 环境下，如接触浓度为 50 mg/m^3 时，尤其是高危人群（如患有呼吸系统疾病、心血管疾病等的个体）出现超额死亡的风险显著增加。当二氧化硫（SO_2）浓度达到 300 mg/m^3 时，个体可能会遭受包括胸部紧迫感、胸痛、呼吸困难、哮喘发作以及黏膜充血水肿在内的多种健康问题。这些反应可引发急性支气管炎、喉头水肿、声带痉挛，甚至自发性气胸或纵隔气胸，若不及时处理，可能导致呼吸衰竭和死亡。在极高浓度下，吸入 1000 mg/m^3 以上的二氧化硫时，几乎立即会危及生命，死亡的主要原因是呼吸道痉挛所致的窒息。

2. 对代谢功能的作用

吸入二氧化硫后，该物质在体内会转化为亚硫酸。亚硫酸具有高度的化学活性，能够与多种生物分子发生反应，从而干扰机体的正常代谢功能。亚硫酸通过加成反应、置换反应、还原反应等机制，与辅酶、底物以及脂肪酸等分子反应，形成反应性较强的磺酸基团。这些反应性产物能够干扰细胞内的正常代谢过程，特别是对能量代谢、脂质代谢和蛋白质合成等生理活动产生影响，进而影响细胞和组织的功能。

亚硫酸对辅酶Ⅰ的作用可能导致细胞的氧化还原反应失衡，从而影响线粒体的正常功能。线粒体作为细胞能量的来源，其正常功能对于细胞的生长和分裂至关重要。亚硫酸与不饱和脂肪酸的反应可能破坏细胞膜的结构，导致细胞膜的流动性和通透性发生改变，进而影响细胞对外界刺激的反应能力和物质交换过程。长期暴露于二氧化硫之下，可能导致代谢紊乱，增加患糖尿病、肥胖症等代谢性疾病的风险。

3. 对感觉器官和反射功能的作用

短时间接触 SO_2 可刺激眼睛的黏膜，导致眼部不适、刺痛甚至流泪等症状。这是因为 SO_2 通过直接接触眼睛表面的液体，形成亚硫酸和硫酸，从而引发眼部炎症反应。SO_2 可能刺激嗅觉细胞，影响嗅觉功能，并通过作用于中枢神经系统，抑制大脑的某些生理反应。短期暴露于 SO_2 的环境中，能够显著降低暗适应能力，进而影响个体的视力适应过程。尤为值得关注的是，二氧化硫还可能干扰脑电活动，抑制脑 α 波的产生，进而影响脑电条件反射的正常运作，且脑电条件反射对二氧化硫的敏感度极高。这种影响可能不仅限于眼部和嗅觉的直接损害，还包括对中枢神经系统功能的潜在抑制作用。长期的 SO_2 暴露可能导致反射灵敏度降低，甚至出现长期的神经功能紊乱，进一步影响个体的日常活动和生理功能。

二　一氧化碳

一氧化碳（CO）是城市空气中数量最大的气态污染物。虽然自从人类使用火以来，就一直与 CO 接触，但是 CO 作为大气污染中的重要污染物还是随着汽车尾气污染的加剧而受到注意的。

（一）一氧化碳的理化特性

一氧化碳，作为一种无色、无味、无臭且无刺激性的气体污染物，因其特定的理化性质和危险特性，例如在空气中的爆炸极限为 12.5%～74.2%，以及与血红蛋白结合导致组织缺氧的健康危害，被认为是较为隐蔽且危险的空气污染物。其相对分子量为 28.01，表明其分子结构相对简单，且较轻。一氧化碳是一种无色、无味的气体，在常温常压下呈气态。其熔点为－205℃，沸点为－191.5℃，这使得它在常见环境条件下保持气态。这些低温特性也使得一氧化碳能够在极低的温度下存在并发挥其潜在影响。

从物理性质来看，一氧化碳的密度为 1.250 g/L，略低于空气的密度，这意味着它在空气中具有较好的扩散性。由于一氧化碳几乎不溶于水，其在水中的溶解度极低，这使得它在水体中较难被去除，并能够在空气中保持较长时间，增加了其环境中的持续性。然而，它却能溶解于一些化学溶剂，如氨水、乙醇、苯以及稀酸等，这种溶解性特点使一氧化碳在化学反应及工业领域展现出一定的反应活力。

从化学性质来看，一氧化碳的爆炸极限与空气的混合范围为 12.5%～74.2%，这表明一氧化碳在这一浓度范围内与空气混合时，具有爆炸性危险。因此，了解其爆炸极限对于控制环境中一氧化碳的浓度至关重要，尤其是在密闭空间或工业环境中。

在燃烧过程中，一氧化碳呈现出蓝色火焰，并主要转化为二氧化碳作为其燃烧产物。鉴于一氧化碳燃烧相对彻底，其产生的能量较低，因此在特定工业应用中，燃烧效率和安全性成为特别关注的焦点。在 25℃和标准大气压的条件下，一氧化碳表现为一种惰性化合物，这表明在常温下它不易与其他物质发生化学反应。然而，在高温环境下，一氧化碳则展现出强烈的还原性，能够与其他化学物质发生还原反应，参与多种化学过程。例如，在高温条件下，一氧化碳常被应用于冶金和化学合成等领域，在这些过程中，其还原性扮演了关键角色。

一氧化碳的物理化学特性决定了其在环境中的普遍分布及其潜在的危险性。由于其无色、无味、无臭的特性，人类难以感知其存在，因此，暴露于一氧化碳污染的环境中，对公共健康和安全构成了严重威胁。

（二）一氧化碳的污染来源

一氧化碳，作为一种重要的大气污染物，其来源广泛且多样，包括自然源，如火山爆发和森林火灾；以及人为源，如汽车尾气、化石燃料的燃烧和工业生产。自然界中，一氧化碳的产生主要来源于火山爆发、森林火灾和微生物代谢等自然过程，这些自然活动释放的气体较少，但对全球气候和环境变化的影响不可忽视。然而，绝大多数一氧化碳的污染来源来自人为活动，尤其是燃烧过程中的不完全燃烧、工业生产以及交通排放等方面。

1. 燃烧

燃烧是导致一氧化碳污染的主要途径之一。在工业、能源生产和家庭生活中，尤其是在燃煤、石油、天然气等含碳化石燃料的燃烧过程中，由于氧气供应不足或燃烧温度过低，燃料会发生不完全燃烧，生成大量的一氧化碳。在汽车尾气排放中，老旧车辆及缺乏有效排放控制的车辆所产生的一氧化碳污染问题尤为突出。此外，工业锅炉、热力发电厂、冶金工业等领域的燃烧过程，也是一氧化碳污染的主要来源。

2. 交通运输

交通运输，尤其是内燃机驱动的机动车辆，是一氧化碳排放的重要来源之一。内燃机在燃烧石油产品过程中，因燃烧不完全而导致大量一氧化碳的排放。尽管现代车辆排放技术有所改进，但在城市交通密集区，尤其是在高峰时段，一氧化碳的浓度仍然居高不下。这一污染源不仅局限于汽车，摩托车、卡车、船舶和航空器等交通工具同样会在燃烧过程中排放一氧化碳，进一步加剧空气污染。

3. 工业生产

工业生产过程中，会伴随一氧化碳的产生。例如，钢铁生产、化学工业及石油炼制等高温工业反应中，由于燃料的高温分解及化学反应，不完全燃烧产生大量的一氧化碳。这些过程往往伴随着大规模的能量转化与物质合成，而不完全燃烧所产生的排放则直接对周围空气质量造成了影响。

4. 燃料消耗

一氧化碳还可以来自生活和商业用途的燃料消耗。在一些家庭和商业厨房，以及取暖设备中，特别是通风不畅的环境下，采用固体或液体燃料（例如木材、煤炭、煤气等）进行燃烧时，因不完全燃烧会产生大量一氧化碳。尤其是在冬季采暖期间，由于暖气设备的运行频繁，未能完全排放燃烧产物时，室内空气中一氧化碳浓度可能急剧上升，危及人类健康。

（三）一氧化碳的毒理学分析

一氧化碳是一种无色、无味、无臭的气体，其毒性效应广泛且复杂，主要通过与体内关键生物分子的结合，干扰细胞和组织的正常功能。其毒性效应的核心机制主要与一氧化碳对血红蛋白、肌红蛋白和细胞色素氧化酶的亲和力相关。通过这些机制，一氧化碳能够引起低氧血症，影响多个生理系统，尤其是神经系统、心血管系统、代谢功能及胚胎发育等方面。

1. 对神经系统的作用

一氧化碳对神经系统的毒性作用，主要源自其在血液中与血红蛋白的结合，抑制氧气的运输和供给，进而引发全身性缺氧，尤其是对大脑组织的影响最为显著。大脑作为极度依赖氧气的器官，一旦氧气供应短缺，其功能将迅速受损。CO通过与血红蛋白形成稳定的复合物——碳氧血红蛋白，显著降低血液的携氧能力，使得大脑等高耗氧器官处于缺氧状态，导致神经细胞的功能障碍。

一氧化碳中毒的神经症状涵盖头痛、眩晕、体力下降、难以集中注意力及认知功能障碍等。随着中毒程度的加深，可能出现意识模糊、记忆力丧失、运动协调性差以及严重的神经系统损伤，甚至昏迷。在高浓度的一氧化碳暴露下，严重缺氧可能导致脑部不可逆损伤，甚至死亡。长期低浓度的一氧化碳暴露，也可能引发慢性神经系统问题，表现为持续的疲劳感、抑郁症状以及认知功能下降。

2. 对心血管系统的作用

一氧化碳对心血管系统的作用主要体现在对心脏的氧供应和血液的携氧能力的干扰。一氧化碳与血红蛋白结合后，减少了血液中可利用的氧气量，进而造成全身组织，特别是心脏组织，氧气供应匮乏。心脏对氧气的需求量较大，当供氧不足时，心肌细胞的代谢和功能会受到严重影响，最终导致心功能受损。

高浓度的一氧化碳暴露会导致心肌缺氧，进而引发胸痛、心律异常、心力衰竭等临床表现。在严重的情况下，长期缺氧可能会引发心肌梗死、心脏衰竭等致命性疾病。对于心血管病患者，一氧化碳暴露可能加重病情，引发急性心肌缺血或其他心血管事件。研究表明，一氧化碳中毒对心脏的毒性作用不仅仅限于急性暴露，长期低浓度的暴露也可能诱发慢性心血管疾病，增加心血管病的发生风险。

3. 对胚胎的作用

一氧化碳对孕妇及其胎儿的危害尤其严重。由于胎儿的代谢需求高而氧气供给相对有限，因此对氧气的依赖性极强。由于一氧化碳与血红蛋白的亲和力远高于氧气，它极易与血红蛋白结合形成碳氧血红蛋白，导致血红蛋白丧失携氧能力，从而造成胎儿在母体内的氧气供应受限。这种状态会进一步加剧胎儿的缺氧状况，因为一氧化碳能够通过胎盘进入胎儿体内，干扰氧气的正常交换。

胎儿的组织和器官发育对氧气供应极为敏感，缺氧状态可能导致胎儿生长发育迟缓、体重过低，甚至引起死胎或早产。例如，一氧化碳中毒不仅会增加孕妇早产的风险，还可能增加胎儿先天畸形的发生率，并对胎儿基因产生影响，引发相关疾病。一氧化碳暴露还可能导致胎儿中枢神经系统的发育异常，增加脑损伤的风险。此外，长期暴露于较低浓度的一氧化碳环境中，也可能对胎儿的认知发展产生不利影响，造成学习能力下降和行为问题。

对于孕妇来说，一氧化碳中毒的危害不仅限于对胎儿的影响，还可能导致孕妇自身的健康问题。孕妇暴露于超过 0.08%浓度的一氧化碳环境中，可能会引起急性中毒症状，如昏迷、呼吸急促、心律不齐等，严重时甚至可能危及孕妇及胎儿的生命。

第三节 大气污染物的去除与控制技术

一 颗粒物污染的除尘技术与除尘器

(一) 颗粒物污染的除尘技术

1. 粉尘的粒径

颗粒物的粒径及其分布特性作为污染物控制领域的核心参数，对除尘技术体系的构建与优化具有决定性作用。它不仅直接关系到除尘机制的响应阈值和效能边界，还在除尘器的结构设计与动态调控方面起着至关重要的约束作用，因此成为该领域基础研究的重要支点。

粉尘颗粒的物理化学属性随粒径尺度呈现显著异质性，这种差异在人体健康影响上尤为明显。例如，小于 10μm 的粉尘颗粒难以被肉眼分辨，且沉降速度慢，容易被吸入肺部深处，导致呼吸功能障碍和多种疾病。而大于 10μm 的粉尘颗粒则多被鼻毛黏液截获，不易深入肺部。此外，粉尘颗粒的粒径大小也影响着除尘设备的分选效率与能耗特性，因为粒径越小，粉尘在空气中的停留时间越长，越容易被吸入，同时其比表面积和化学活性也越大，这导致了除尘设备在处理不同粒径粉尘时的效率和能耗存在差异。当颗粒形态趋于理想球体时，其直径参数可直接作为粒径表征基准；然而，由于实际颗粒体系的复杂性，我们需要建立一种更具普适性的表征方法，利用特定算法来提取能够全面反映颗粒群整体特征的代表性尺寸。

粒径表征体系包含单一粒径与平均粒径两个维度：前者侧重于描述单个颗粒的几何属性，后者则通过统计方法建立颗粒群的粒径分布特征。微米级计量单位的采用，既符合颗粒物在气溶胶体系中的存在形态，也为工程应用提供了标准化接口。

(1) 单一粒径

单一粒径的测定方法归纳起来有三种形式：投影径、几何当量径和物理当量径。

投影径是利用显微镜观测颗粒时所采用的粒径，可以采用粒径的定义方法。

① 定向直径 d_F，是菲雷特（Feret）提出的，因此也称为菲雷特（Feret）直径，为各粒子在平面投影图上于同一方向上的最大投影长度。②定向面积等分径 d_M，也称为马丁直径，是马丁（Martin）提出来的。在平面投影图上，将各粒子的投影面积沿同一方向分割成二等分的直线长度即为该方向上的等效直径；③圆等直径 d_H，也称为黑乌德（Heywood）直径，为与粒子投影面积相等的圆的直径。通常情况下，对于同一粒子而言，其某一方向上的定向直径（d_F）会大于黑乌德直径（d_H），而后者又大于定向面积等分径（d_M）。

将与被测粒子某一几何量（如面积或体积）相等的球形颗粒的直径定义为该粒子的几何当量径，例如，球等直径（d_r）即指与被测粒子体积相等的球的直径。

取与粒子的某一物理量相同的球形颗粒的直径为粒子的物理当量径，如斯托克斯直径（d_p），为在同一流体中与被测粒子的密度相同、沉降速度相同的球的直径。当雷诺数 Rep<1 时，按斯托克斯（Stokes）定律得斯托克斯直径的定义式：

$$d_p = \sqrt{\frac{18\mu u_s}{(\rho_p - \rho) g}} \tag{6-1}$$

式中 μ——流体的黏度；

ρ_p——粒子的密度；

ρ——流体的密度；

g——重力加速度；

u_s——粒子在流体中的沉降速度。

空气动力学直径 d_a，与被测粒子在空气中的沉降速度相同、密度为 $1g/cm^3$ 的球的直径。

斯托克斯直径和空气动力学直径是除尘技术中应用最多的两种直径，原因在于它们与粒子在流体中运动的动力学特性密切相关。

(2) 平均粒径

粒子群的平均粒径表征需建立在对单颗粒粒径的精确解析基础之上，通过系统化统计方法实现颗粒体系的降维描述。算术平均数作为最基础的统计参数，通过等权叠加机制反映颗粒群的几何中心特征；面积长度平均径引入表面积修正因子，强化了对颗粒形态异质性的响应能力；体面积平均径通过体积-表面积比值的构建，揭示了颗粒群堆积特性的本质规律。

中位径与众径，作为累积分布函数的两大特征指标，分别从概率分布的中枢坐标与频度高峰两个维度，精细刻画颗粒群的粒径分布特征。前者通过50%累积阈值建立稳健的尺度基准，后者则聚焦于出现频次最高的粒径区间，二者共同构成了颗粒群粒径分布的统计骨架。

工程实践中平均粒径计算方法的选择需遵循匹配性原则，需综合考量除尘工艺目标、颗粒物理化学特性及设备运行工况等要素。借助粒径表征参数与除尘效率之间的关联模型构建，我们能够实现计算方法的灵活优化，为除尘系统的精密设计与智能化管理提供坚实的科学支撑。

2. 粉尘的粒径分布

粒径分布基本功能在于，通过定量分析不同尺度颗粒在整体粒子群中的比例关系，建立起多维度的结构描述框架，从而实现颗粒系统微观特征的系统性解析。根据所选表征维度的不同，粒径分布可进一步细化为三种类型：粒数分布、质量分布与表面积分布。粒数分布以颗粒个体数量作为基本统计单位，主要用于揭示颗粒群体在数量层面的构成特性与变化趋势；表面积分布则关注颗粒表面几何界面的总量及其分布状况，从而为研究颗粒间界面作用机制与反应动力学过程提供基础性参数支持；而质量分布则通过颗粒质量所占比例的分析，反映颗粒粒径与其所体现出的宏观物理性质之间的内在联系，进而为材料性能评估与功能优化提供理论依据。

(1) 频率分布 g

频率分布，也称为相对频数分布，指的是粒径 d_p 至 $d_p+\Delta d_p$ 之间的尘样质量占尘样总质量的百分数，即：

$$g=\frac{\Delta m}{m_0}\times 100\% \tag{6-2}$$

并有：

$$\sum g = 100\% \tag{6-3}$$

式中　Δm——粒径为 d_p 至 $d_p+\Delta d_p$ 间隔的尘样质量；

m_0——尘样总质量。

根据计算出的 g 值可绘出频率分布直方图。由计算结果可以看出，频率分布 g 值的大小与间隔宽度 Δd_p 的大小有关。

（2）频率密度分布 f

频率密度分布，简称频度分布，是指单位粒径间隔宽度时的频率分布，即粒径间隔宽度 $\Delta d_p = 1\mu m$ 时尘样质量占尘样总质量的百分数，即：

$$f = \frac{g}{\Delta d_p} \tag{6-4}$$

同样，根据计算结果可以绘出频度分布 f 的直方图，按照各组粒径间隔的平均粒径值，可以得到频度分布曲线。

（3）筛下累积频率分布 G

筛下累积频率分布 G，简称筛下累积分布，指小于某一粒径 Δd_p 的颗粒质量占尘样总质量的百分数，即：

$$G = \sum_0^{d_p} g = \sum_0^{d_p} f \cdot \Delta d_p \tag{6-5}$$

反之，将大于某一粒径 d_p 的颗粒质量占尘样总质量的百分数称为筛上累积频率分布 R，简称筛上累积分布，即：

$$R = \sum_{d_p}^{\infty} g = \sum_{d_p}^{\infty} f \cdot \Delta d_p \tag{6-6}$$

如果粒径间隔宽度 $\Delta d_p \to 0$，即取极限形式，则式（6-5）和式（6-6）可改写为微积分形式：

$$G = \int_0^{d_p} f \cdot \mathrm{d}d_p \tag{6-7}$$

$$R = \int_{d_p}^{\infty} f \cdot \mathrm{d}d_p \tag{6-8}$$

根据累积频率分布的定义可知：

$$G + R = \int_0^{\infty} f \cdot \mathrm{d}d_p = 100 \tag{6-9}$$

筛上累积频率分布和筛下累积频率分布相等（$R=G=50\%$）时的粒径称为中位径，记作 d_{50}。

中位径是除尘技术中常用的一种表示粉尘粒径分布特性的简明方法。而频度分布 f 达到最大值时相对应的粒径称作众径，记作 d_d。

在除尘技术中，斯托克斯直径 d_p、众径 d_d 和中位径 d_{50} 具有重要的意义，经常用到。当粉尘粒径分布函数负荷正态分布时，众径等于中位径，否则二者不等，通常算术平均直径＞中位径＞众径。

3. 粉尘的物理性质

(1) 粉尘的润湿性

粉尘的润湿性是指粉尘颗粒与液体相互接触时表现出的附着特性，其核心机制取决于尘粒与液滴接触时的界面行为。当尘粒与液滴接触后，若接触面呈现扩展趋势并形成稳定附着，则表明粉尘具有良好的润湿性；反之，若接触面收缩且无法形成稳定附着，则表明粉尘润湿性较差。根据粉尘与液体相互作用的难易程度，可将粉尘分为亲水性粉尘与疏水性粉尘两类。值得注意的是，对于粒径小于 5μm 尤其是小于 1μm 的微细粉尘，即使属于亲水性粉尘，其润湿过程也面临显著障碍。然而，通过使用特定的润湿剂，可以有效改善这一过程，如研究显示，某些润湿剂能够显著降低煤尘表面的接触角，缩短润湿时间，增加润湿深度，从而提高煤尘的润湿性。此类粉尘因比表面积较大，对气体分子的吸附能力较强，表面易形成一层稳定的气膜，从而阻碍粉尘与液体的直接接触。只有在粉尘与液滴之间存在足够高的相对运动强度时，才能破坏气膜，从而实现润湿。

粉尘润湿性受多种物理化学因素的综合影响。压力的增加会增强粉尘与液体的分子间作用力，从而提升润湿性；而温度的升高则会加剧分子热运动，导致粉尘表面气膜稳定性增强，润湿性随之降低。此外，液体表面张力的变化对润湿性具有显著影响，表面张力的减小可有效降低粉尘与液体之间的界面张力，从而促进润湿过程。基于粉尘润湿性的物理化学特性，湿式洗涤器在粉尘分离过程中主要依赖粉尘与水的润湿作用实现高效分离。然而，对于某些特殊性质的粉尘，如水泥粉尘与熟石灰粉尘等，尽管它们具有亲水性，然而吸水后却会形成难以溶解的坚硬垢层。此类粉尘被称为水硬性粉尘，其遇水后形成的结垢现象可能导致管道及设备堵塞，从而显著降低湿式除尘器的运行效率。

(2) 粉尘的荷电性及导电性

粉尘的荷电性与导电性是表征其物理行为和界面响应特征的关键物理化学参数。这两种性质不仅在粉尘形成、迁移及聚集过程中发挥重要作用，而且直接影响粉尘的捕集效率与处理效果，具有显著的工程与环境意义。在粉尘生成或运动的动态过程中，由于颗粒间的相互碰撞、摩擦作用、电晕放电现象以及与外部带电体的接触等因素，粉尘颗粒常常获得或失去电荷，从而表现出一定程度的荷电性。荷电状态的形成将导致粉尘在微观层面的凝聚性、附着力以及在气体介质中的稳定分布状态发生变化，同时可能改变其在空气中输运行为的路径与效率。

粉尘的荷电状态不仅影响其与周围介质的相互作用，还可能增强其在呼吸系统中的沉积能力，进而影响人体健康水平。在具体影响因素方面，研究表明，粉尘的荷电量与环境温度呈正相关关系，即温度升高通常伴随荷电能力增强；与粉尘颗粒的比表面积呈正相关，比表面积越大，其与外界接触的活性位点越多，荷电概率越高；与粉尘的含水率呈负相关，说明水分对电荷的吸附与传导存在一定抑制作用。此外，粉尘的化学组成与外部荷电条件也对其荷电行为产生显著影响，体现出荷电性为多因素交互作用的综合结果。荷电特性不仅反映粉尘在环境中的迁移行为，也对其捕集与分离环节的效率构成直接影响。

与荷电性相辅相成的是粉尘的导电性，其主要通过比电阻参数进行量化。比电阻是指电流通过单位面积与单位厚度的粉尘层时所表现出的电阻强度，其常用单位为欧姆·厘米（Ω·cm）。粉尘的导电行为主要包括两种基本机制：一是颗粒内部的容积导电，其传导过程依赖于电子或离子在颗粒内部的迁移能力；二是颗粒表面的表面导电，主要受到颗粒表面吸附水分的影响，并与表面形成的化学膜层密切相关。在电导机制的温度依赖性方面，通常认为在较低温度条件下（如低于 100℃），粉尘导电以表面机制为主导，而在较高温度条件下（如高于 200℃），容积导电机制则占据主导地位。

粉尘的导电性受多种外部与内部因素共同调控，包括气体介质的温度、湿度与成分，粉尘本身的粒径大小、化学组成以及堆积结构等多个方面。特别是在电除尘器运行中，粉尘的比电阻对其捕集效率有着直接而显著的影响。研究表明，当粉尘比电阻低于 10^4 Ω·cm 或高于 2×10^{10} Ω·cm 时，电除尘器的工作效率会明显下降，可能导致粉尘颗粒逃逸或再悬浮。因此，维持粉尘比电阻处于一个合理且稳定的区间（即 $10^4\sim2\times10^{10}$ Ω·cm）是确保除尘设备持续高效运行的关键前提。对于比电阻偏离最佳范围的情况，可通过调节粉尘的化学组分、环境湿度或系统温度等控制参数，优化其电导性能，从而提高除尘效率与运行稳定性。

(3) 粉尘的黏附性

粉尘颗粒间的相互附着或附着于固体表面的现象被称为粉尘的黏附性，其本质是粉尘颗粒间及颗粒与基底间的分子间作用力、静电力和表面能共同作用的结果。粉尘的黏附性与粒径呈负相关，粒径越小，比表面积越大，表面能越高，黏附倾向越显著。形状不规则的粉尘颗粒，由于接触点增多，更易发生黏附；同时，表面粗糙度的提升也会进一步加大其黏附力。此外，粉尘的含水率和润湿性对黏附性具有显著影响，高含水率和良好润湿性会通过液桥力增强颗粒间的黏附作用。荷电粉尘受到静电力的作用，其黏附性得以显著增强。周围介质的性质，如基底表面的粗糙度和化学组成，也会显著影响黏附力，在粗糙或黏性基底表面，黏附力会显著提高。

粉尘处理系统中的黏附性，展现出双重影响。除尘器的设计通常利用粉尘在器壁上的黏附实现颗粒捕集，但过度黏附可能导致设备堵塞和运行效率下降。因此，在含尘气流输送系统中，需通过优化气流速度和器壁表面处理来平衡黏附效应。光滑的器壁表面能显著降低黏附力，同时，适当的气流速度则可防止粉尘过度沉积于壁面，确保系统稳定运行。

（二）除尘器的主要类型

在现代工业生产和环境保护领域，除尘器作为一种关键设备，其主要功能是从含尘气流中将粉尘分离并加以捕集。除尘器是整个除尘系统的核心组成部分，其性能优劣直接影响到系统的运行效率和粉尘控制效果。因此，了解除尘器的分类及其工作原理，对于选择合适的除尘设备、优化系统设计以及提升粉尘治理能力具有重要意义。

根据除尘器分离和捕集粉尘的主要机理，可以将其分为以下四类。

1. 机械式除尘器

机械式除尘器是通过重力、惯性力和离心力等物理作用，使粉尘与气流分离并沉降的装置。这类除尘器设计简洁，运行成本经济，尽管除尘效率不高，但适合处理大颗粒粉尘，或作为多级除尘系统的首级设备使用。

重力沉降室：利用粉尘的重力作用，使粉尘自然沉降。适用于处理低浓度、大颗粒粉尘，常用于工业炉窑的烟气除尘。

惯性除尘器：通过改变气流方向，使粉尘因惯性作用与气流分离。适用于中等粒径的粉尘，常见于矿山和冶金行业的粉尘治理。

旋风除尘器：利用离心力将粉尘从气流中分离。结构紧凑，适用于处理中等浓度的含尘气体，广泛应用于化工、建材和电力行业。

2. 湿式除尘器

湿式除尘器，也称为湿式洗涤器，是通过液滴或液膜与含尘气流接触，使粉尘被液体捕集并沉降的装置。湿式除尘器不仅能有效去除粉尘，还兼具吸收有害气体的功能，实现了除尘与气体净化的双重效果。

工作原理：通过喷雾、文丘里管或填料塔等形式，使含尘气流与液体充分接触。粉尘颗粒与液滴碰撞后被润湿，随后沉降或随液体排出。

应用场景：适用于高温、高湿的含尘气体，如钢铁冶炼、水泥生产和化工废气处理。然而，废水处理问题不容忽视，以防止二次污染的发生。

3. 过滤式除尘器

过滤式除尘器通过织物或多孔填料层对含尘气流进行过滤，使粉尘颗粒被截留在滤料表面或内部，从而实现气固分离。

袋式除尘器：利用织物滤袋过滤含尘气体，粉尘被截留在滤袋外表面，定期通过清灰装置去除积尘。具有高效、稳定的除尘性能，适用于各种工业领域的粉尘治理。

颗粒层除尘器：利用颗粒填料层过滤含尘气体，粉尘被吸附在颗粒表面。适用于中等浓度的粉尘处理，常用于化工和制药行业。

4. 静电除尘器

湿式静电除尘器利用高压电场使粉尘颗粒荷电，并在电场力作用下捕集到集尘极表面。该设备以其高效率的除尘性能和处理大风量的能力，特别适用于处理工业油烟废气，能够有效降低排放浓度，达到环保标准。

工作原理：含尘气流进入电场后，粉尘颗粒在电晕极释放的离子作用下荷电，随后向集尘极迁移并沉积。定期通过振打装置清除集尘极上的积尘。

应用场景：广泛应用于电力、冶金、化工等行业的大型烟气除尘，尤其适合处理高温、高湿度的含尘气体。

二　气态污染物催化净化控制技术

气态污染物控制是减少气态污染物向大气排放的技术措施和管理政策。工业生产中的有害气体种类很多，主要有硫氧化物、氮氧化物、卤化物、碳氧化物、碳氢化物等。根据来源和性质，可采取适宜的措施控制。

催化净化是气态污染物治理的关键技术，其机制在于催化剂活性位点加速污染物化学反应，实现无害化或资源化转化。催化氧化通过氧化反应将有机污染物转化为二氧化碳和水，适用于处理含碳化合物；催化还原则通过还原反应将氮氧化物转化为氮气，广泛应用于机动车尾气和工业燃烧废气的治理。与其他净化方法相比，催化净化具有反应温度低、能耗低、效率高且无二次污染的特点，尤其在复杂废气体系中表现出良好的适应性。

（一）催化作用

催化作用定义为：通过加入催化剂改变化学反应速率，而催化剂在反应前后数量和性质保持不变。气态污染物净化中，反应物为气体，而催化剂为固体，因而气态污染物催化转化属于多相催化作用。

1. 催化作用与反应速率

在化学反应过程中，当反应物变为产物时，反应物分子的某些化学键要断裂，进行分子重排，生成产物。根据多位活化络合物理论，催化剂表面存在许多具有一定形状的活性中心，能够吸附那些形状结构与之相匹配的反应物分子，形成多位活化络合物，进而使原分子的化学结构变得松弛，有效降低反应物的活化能。它们之间的关系可以用阿伦尼乌斯（Arrhenius）方程表示：

$$K = A\exp[-E_a/(RT)] \tag{6-10}$$

式中　K——反应速率常数；

A——频率因子，单位与 K 相同；

E_a——活化能；

R——气体常数；

T——绝对温度。

由上式不难看出，反应速率是随着活化能的降低而呈指数增加的。当催化剂存在时，可降低反应的活化能，使活化分子的数量大大增加，从而提高反应速率。

2. 催化作用与化学平衡

一个反应是否能进行，是由反应物系自由能的改变决定的。无论催化剂的活性多么强，它都无法使在特定热力学条件下无法发生的化学反应得以进行。这是因为催化剂无法改变自由能，因此也不会对平衡常数产生影响。其作用主要在于提高了反应速率，因而缩短了反应达到平衡所需要的时间。

（二）催化剂

催化剂：能加速化学反应速率，而本身的化学组成在反应前后保持不变的物质。

特点：能降低反应的活化能，使它进行得比均相时更快，但是它并不影响化学反应的平衡。

1. 催化剂的基本组成

按形态分：气态、液态和固态（其中，固态催化剂在工业上应用最广泛，亦最重要）。

催化剂组成：活性组分＋助催化剂＋载体。

其中，活性组分是催化剂的核心部分，能够独立地对化学反应产生催化效果，因此也可作为单独的催化剂使用。助催化剂本身无活性，但具有提高活性组分活性的作用；载体负责承载活性组分，使催化剂拥有合适的形状和粒度，进而拥有较大的比表面积，从而提升催化活性，减少活性组分的用量。此外，载体还具有传热、稀释和增强机械强度的作用，有助于延长催化剂的使用寿命。常用的载体包括硅藻土、硅胶、活性炭、分子筛以及某些金属氧化物（如氧化铝、氧化镁）等多孔性惰性材料。

2. 催化剂的主要性能

(1) 催化剂的活性

衡量催化剂效能大小的标准，它常用单位体积（或质量）催化剂在一定条件（温度、压力、空速和反应物浓度）下，单位时间内所得的产品量来表示。

$$A=\frac{m}{tm_{\mathrm{R}}} \tag{6-11}$$

式中 A——催化剂活性；

m——产品质量；

t——反应时间；

m_{R}——催化剂质量。

(2) 催化剂的选择性

催化剂的选择性指当化学反应在热力学上有几个反应方向时，一种催化剂在一定条件下只对其中一个反应起加速作用的特性。

活性与选择性是催化剂本身最基本的性能指标。活性表示催化剂对提高产品产量的作用，而选择性则表示催化剂对提高原料利用率的作用。

(3) 催化剂的稳定性

催化剂的稳定性指催化剂在化学反应过程中保持活性的能力，包括热稳定性、机械稳定性和化学稳定性，常用寿命表示催化剂的稳定性。

影响催化剂寿命的因素包括催化剂的老化和中毒。所谓老化，即催化剂在正常工作环境下活性逐渐衰退的过程，这归因于低熔点活性组分的流失、烧结现象、低温表面积碳结焦、内部杂质迁移至表面以及冷热应力交替导致的机械粉碎等多种因素。温度对于老化影响较大，工作温度越高，老化速度越快。在催化剂对化学反应速率发生明显加速作用的温度范围（活性温度）内选择合适的反应温度，将有助于延长催化剂的寿命。

催化剂中毒现象是指反应物中微量杂质与活性中心发生化学作用，形成无活性物种，导致催化剂活性迅速下降。这些微量杂质，如硫、磷、砷、氯等，被称为催化剂毒物。中毒分为可逆中毒和永久中毒，前者可通过简单方法恢复催化剂活性，而后者则难以恢复。中毒的化学本质是毒物比反应物对活性组分具有更强的亲和力。中毒可分为暂时性中毒和永久性中毒两类。暂时性中毒指毒物与活性组分亲和力较弱，可通过水蒸气将毒物驱离催化剂表面，使催化剂恢复活性；永久性中毒则指的是毒物与活性组分亲和力很强，催化剂不能再生。对大多数催化剂而言，HCN、CO、H_2S、S、As、Pb 都是较强的毒物。

（三）气固催化反应过程

气固催化反应的过程通常涵盖几个关键步骤：①反应物从气流主体移动到催化剂外表面；②进一步向催化剂的微孔内扩散；③反应物在催化剂的内表面上被吸附；④吸附的反应物转为生成物；⑤生成物从催化剂内表面脱附下来；⑥脱附生成物从微孔向外表面扩散；⑦生成物从外表面扩散到气流主体。

具体而言，步骤①和⑦代表的是反应物与生成物在催化剂外部进行的扩散，这一过程被称为外扩散。②和⑥是反应物和生成物在催化剂微孔内的扩散过程，称为内扩散过程；③④⑤是在催化剂内表面上进行的化学反应过程，称为表面反应过程或化学动力学过程。

气固催化反应主要包括外扩散、内扩散和表面化学反应 3 个过程，因而整个催化反应速率受到这 3 个过程速率的影响，这几个过程中速率最低的决定着整个过程的总反应速率，称为控制步骤。

· 参考文献 ·

[1] 曹传旺．昆虫生化与分子毒理学实验原理与技术[M].哈尔滨：东北林业大学出版社，2021.

[2] 侯亮，刘旭．发展毒理学的研究进展[J].云南医药，2011，32(04)：443-445.

[3] 黄功跃．环境监测与环境管理[M].昆明：云南科技出版社，2017.

[4] 李景如．社会组织参与生态环境治理机制研究[J].智库时代，2019，(16)：8.

[5] 李林．大气环境与健康[M].天津：天津科学技术出版社，2021.

[6] 李启上．水生态环境保护现状与管理要点分析[J].资源节约与环保，2020，(1)：29.

[7] 李永峰，王岩，赵震．基础环境毒理学[M].哈尔滨：哈尔滨工业大学出版社，2013.

[8] 刘德生．环境监测[M].北京：化学工业出版社，2008.

[9] 刘敏．大气环境污染物的危害及防治举措[J].农民致富之友，2014(20)：279.

[10] 刘文清，陈臻懿，刘建国，等．区域大气环境污染光学探测技术进展[J].环境科学研究，2019，32(10)：1645-1650.

[11] 刘孝富，刘柏音，孙启宏，等．我国环境监察执法信息系统的发展与展望[J].环境保护，2020，48(1)：64-67.

[12] 刘雪梅，罗晓．环境监测[M].成都：电子科技大学出版社，2017.

[13] 孟凡，李时蓓．大气环境容量理论的再思考和总量控制[J].环境科学研究，2021，34(7)：1583-1591.

[14] 孟紫强．生态毒理学基础[M].北京：中国环境出版集团，2023.

[15] 孟紫强．生态毒理学[M].北京：中国环境出版集团，2019.

[16] 赵虎．土壤污染治理中生物修复技术的融合运用策略[J].数字农业与智能农机，2025，(03)：58-60.

[17] 聂菊芬，文命初，李建辉．水环境治理与生态保护[M].长春：吉林人民出版社，2021.

[18] 潘琪．我国环境监测技术的现状与发展[J].区域治理，2020(14)：120，185.

[19] 宋立杰，安淼，林永江，等．农用地污染土壤修复技术[M].北京：冶金工业出版社，2019.

[20] 宋忠贤，焦桂枝．大气污染控制工程[M].上海：复旦大学出版社，2022.

[21] 周洁，仲蕾，赵松建，等．微塑料污染的成因、危害及其防治技术分析[J].现代化工，2024，44(1)：13-17.

[22] 苏少燕，李长虹．基于环境因素法和标准金属法的大气腐蚀性等级评价与分析[J].环境技术，2024，42(4)：220-225，239.

[23] 陶美娟，肖方，高尚赞．土壤环境监测样品采集工作要点与质量控制[J].资源节约与环保，2023，(8)：39.

[24] 王海东，牛井恒，褚俞飞，等．土壤污染区域地下水多层位采样监测技术研究[J].环境科学与管理，2022，47(5)：123-127.

[25] 王海萍，彭娟莹．环境监测[M].北京：北京理工大学出版社，2021.

[26] 王惠．气态污染物控制技术探讨[J].民营科技，2016，(6)：236.

[27] 王硕迪，董欣宜，苏方成，等．基于 PM2.5 浓度达标约束和区域联防联控的河南省地级市大气环境容量研究[J].环境科学研究，2024，37(5)：985-995.

[28] 韦伟．大气污染中环境监测治理技术的应用研究[J].清洗世界，2024，40(08)：64.

[29] 魏庆义，金力，周宗灿，等．环境化学污染物与人类健康[J].科学，2007，59(03)：26-28+4.

[30] 魏永杰，李晓倩，朱晓晶，等．大气环境基准在环境空气质量标准制定中的作用探讨[J].环境保护，2023，51(15)：23-26.

[31] 吴锋杰，唐新红．环境监测在生态环境保护中的作用与发展[J].当代化工研究，2024(1)：89-91.

[32] 武涛，刘慧，于丽娟，等．环境污染物 TCDD 对皮肤老化的影响[J].环境科学导刊，2024，43(4)：60.

[33] 谢旎．水环境污染现状及水污染检测技术研究[J].造纸装备及材料，2024，53(06)：136-138，238.

[34] 闫德林，葛泽，薛念松，等．活性炭的制备改性及VOCs吸附性能研究现状[J].北京石油化工学院学报，2025，33(01)：1-9+15.

[35] 周志俊．基础毒理学[M].上海：复旦大学出版社，2021.

[36] 杨富斌，穆晋，马玖彤，等．荧光探针在土壤污染物检测中的应用研究进展[J].分析化学，2022，50(8)：1131-1142.

[37] 于洋洋．伊通河流域抗生素污染、微生物耐药性及生物毒性研究[D]. 长春：东北师范大学，2020.

[38] 俞艺沁，菅志亚．持久性有机污染物在水环境中的迁移与生态风险评估[J].黑龙江环境通报，2024，37(12)：83.

[39] 张辉．土壤环境学[M].北京：化学工业出版社，2006.

[40] 张菊琴，李东东，胡珂，等．污染土壤生物修复技术研究进展[J].化工矿产地质，2024，46(3)：224-229.

[41] 张莉，王友保．环境致突变物的蚕豆细胞微核检测[J].生物学通报，2002，(09)：49-50.

[42] 张鲁迪．大气污染问题的环境监测及对策思考[J].皮革制作与环保科技，2024，5(20)：85-86，89.

[43] 张荣，牛丕业．持久性有机污染物与健康[M].武汉：湖北科学技术出版社，2019.

[44] 张炜，左鼎，李冰．水环境中重金属污染的现状及检测技术研究[J].城市建设理论研究(电子版)，2017，(26)：124.

[45] 张玉彪，刘明春，赵刚，等．环境内分泌干扰物作用机制的研究进展[J].现代畜牧兽医，2013，(1)：49-51.

[46] 张玉龙．水环境及其水污染的检测技术探讨[J].城市建设理论研究(电子版)，2017，(17)：177-178.